HEYNE <

Über die Autorinnen:
Die promovierte Biologin Frauke Fischer forscht an der Universität Würzburg zu den Themen Biodiversität und Naturschutz. 2003 gründete sie die Agentur *auf!*, die Unternehmen bei ihrem Engagement für Nachhaltigkeit, Klimaschutz und den Erhalt von Biodiversität berät. Sie ist Mitautorin des Buchs *Planet 3.0 – Klima.Leben.Zukunft.* und Autorin der Bücher *Der Palmöl-Kompass*, *Was hat die Mücke je für uns getan?* und *Wal macht Wetter.*

Hilke Oberhansberg ist promovierte Wirtschaftswissenschaftlerin, studierte Interdisziplinäre Umweltwissenschaften und arbeitet nach vielen Jahren in internationalen Konzernen nun im Bereich Umweltbildung und -beratung. Im Kontext der gesellschaftlichen Entwicklung hin zu mehr Nachhaltigkeit interessiert sie insbesondere der Mensch innerhalb und außerhalb von Organisationen, in seinem Tun und seinen Rollen als Mitarbeiter, Konsument und Akteur.

FRAUKE FISCHER
HILKE OBERHANSBERG

WAS HAT DIE MÜCKE JE FÜR UNS GETAN?

Endlich verstehen, was biologische Vielfalt für unser Leben bedeutet

WILHELM HEYNE VERLAG
MÜNCHEN

2. Auflage
Taschenbucherstausgabe 05/2024

Der Wilhelm Heyne Verlag, München,
ist ein Verlag der
Penguin Random House Verlagsgruppe GmbH,
Neumarkter Straße 28, D-81673 München
produktsicherheit@penguinrandomhouse.de

Umschlaggestaltung: wilhelm typo grafisch, Zürich
Umschlagabbildung: Shutterstock.com
(Ekaterina Glazkova (2x), Evgeny Turaev, mangpor2004)
Satz: Buch-Werkstatt GmbH, Bad Aibling
Druck: PBtisk, a.s., Příbram
Printed in Czech Republic
ISBN: 978-3-453-60680-7

www.heyne.de

Inhalt

Teil III
Und nun?

Vorwort

von Dirk Steffens

Seit etwa 3,5 Milliarden Jahren gibt es Leben auf unserer Erde – und es hat sich ständig verändert. Zur Vielfalt des Lebens gehört dabei auch, dass Arten verschwinden und gleichzeitig neue entstehen. Lange Zeit verschwanden weniger Arten als entstanden, deshalb nahm die Artenvielfalt tendenziell zu.

In diesem Prozess stieg irgendwann auch ein Affe vom Baum, erkannte sich später im Spiegel, schrieb dann Gedichte und krempelte im Laufe seines Daseins die Erde nach und nach komplett um. Heute dominiert der »moderne Mensch« den gesamten Planeten. Und das ist keine gute Nachricht für sehr viele andere Arten.

Von allen heute lebenden Säugetieren sind nur 4 Prozent Wildtiere. Die anderen 96 Prozent sind Menschen, Rinder und Schweine. Würden alle Menschen auf unserem Planeten sich auf eine Seite einer Wippe setzen und auf der anderen Seite alle wilden Säugetiere Platz nehmen, würde die Wippe auf der Menschenseite nach unten krachen und wie festgenagelt auf dem Boden bleiben. Wir wiegen mindestens 10-mal so viel wie alle wilden Säugetiere auf der Erde zusammen – und das, obwohl auf der anderen Seite der Wippe Elefanten, Blauwale und Flusspferde hocken.

Fünfmal in der Geschichte unseres Planeten kam es bisher zu großen Aussterbeereignissen. Das passierte zum bisher letzten Mal vor etwa 66 Millionen Jahren, als durch einen riesigen Asteroideneinschlag so viel Staub in die Atmosphäre wirbelte, dass sich die Sonne verdunkelte und ein verheerender Klimawandel folgte, der zu einem Massenartensterben führte, dem auch die großen Dinosaurier zum Opfer fielen. Hätte es damals bereits Menschen gegeben, hätten sie davon zunächst nichts mitbekommen, weil dieses Massenaussterben im Vergleich zur Lebensspanne eines Menschen sehr lange dauerte.

Ganz anders diesmal: Genetische Vielfalt, Arten und Lebensräume verschwinden so schnell, dass wir alle live dabei sind und jede*r, der oder die die Augen offen hält, es mitbekommen kann. Wir sind aber nicht nur live dabei, sondern leider auch Verursacher dieser Katastrophe. Das Anthropozän, das Zeitalter des Menschen, ist zugleich die Zeit des 6. Massenaussterbens auf unserem Planeten. Seit 1970 hat der *Homo sapiens* die Zahl der Wirbeltiere um 60 Prozent reduziert. Trotz dieser erschreckenden Zahl bemerken viele Menschen den Schwund gar nicht, weil unser Alltag oft ziemlich naturfern abläuft, in geschlossenen Räumen, auf Gehwegen, in Einkaufszentren und Wohnungen. Nur wenigen von uns wäre aufgefallen, dass seltener Vögel singen und Insekten schwirren, wenn wir nicht (zum Glück) von Wissenschaftler*innen und Naturschützer*innen darauf hingewiesen worden wären.

Das 6. Artensterben ist das größte Menschheitsproblem unserer Zeit, weil sein Fortschreiten – anders als die Klimakrise – nicht nur darüber entscheidet, WIE wir in Zukunft überleben, sondern OB wir überhaupt überleben. Die Vielfalt an Arten ist die Voraussetzung für das Funktionieren von Ökosystemen, von deren Leistungen unser aller Leben abhängt. Und trotzdem zerstören wir, was wir doch so dringend brauchen – und deshalb müssen wir ALLE verstehen, was Biodiversität mit unserem Leben zu tun hat.

Deshalb freue ich mich über dieses Buch, das eingängig, gut verständlich und unterhaltsam darstellt, wie unsere **diversen Lebensbereiche** und damit unser aller Wohlergehen vom **diversen Leben** um uns herum abhängen. Wir müssen verstehen, wo wir auf Biodiversität einwirken, wo wir der Vielfalt um uns helfen können und wo wir uns selbst zurücknehmen müssen, um uns nicht unserer eigenen Lebensgrundlage zu berauben.

Ich bin der Mücke und allen anderen Arten auf diesem Planeten auf jeden Fall dankbar für das, was sie und ihre Ökosysteme für uns tun – und das mit einer Leichtigkeit, Perfektion und vor allem Schönheit, die mich immer wieder staunen lässt. Ich hoffe, dass wir Menschen uns bald unserer Rolle in diesem, wie die Autorinnen es nennen, »World Wide Web of Life« bewusst werden und entsprechend handeln.

Prolog

Meet and greet

Egal ob Elternabend, Jobeinstand oder Erstsemesterfete – es ist immer schön zu wissen, wer sonst noch so da ist. Eine fiktive Kennenlernparty der Biodiversität könnte ungefähr so aussehen:

> Hängt da drüben nicht der *Schokoladen-Fruchtzwerg* ab? Klar, und zwar kopfüber (ist ja eine Fledermaus). Amüsiert er sich womöglich mit dem *Lachenden Hans* (einem Vogel aus Australien), oder macht er der *Prinzessin von Burundi* (einem Fisch) den Hof? Hauptsache, der *Rötelnde Wüstling* verhält sich ruhig (macht er aber eigentlich immer, ist ja nur ein Pilz). Während *Wandelnde Geige* und *Waffenfliege* (zwei Insekten) entlang von *Fetthenne* und *Rühr-mich-nicht-an* (beides Pflanzen) flanieren, unterhalten sich *Würfelqualle, Kegelschnecke* und *Schwammkugelkäfer* über die perfekte Form. Der *Bauchwehkoralle* wird schummerig. Vorausschauend eilt der *Duftende Schneckling* herbei und verhindert so, dass die *Schüsselschnecke* zum Einsatz kommen muss. Schnell richtet der *Weißscheitelrötel* noch die Frisur (einmal geschüttelt, sind ja

nur Federn), dann weisen *Armleuchter*(-Alge), *Laternenträger*(-Zikade) und *Schlusslichtsalmler* (ein Fisch) den Weg nach Haus. Verträumt schaut der *Mondfisch* hinterher ... Schön war's.

Auch wenn eine solche Party niemals stattfinden wird: All diese Pilz-, Tier- oder Pflanzenarten gibt es tatsächlich. Mit ihnen und vermutlich acht Millionen weiteren Arten teilen wir uns diese Welt.

So eine große Vielfalt ist schwer vorstellbar, aber wenn wir zum Vergleich dieses Buch mit seiner Vielzahl an Wörtern betrachten, bekommen wir eine Idee davon: Unser Buch besteht aus ungefähr 40 000 Wörtern. In 200 solcher Bücher stünden also acht Millionen Wörter. Wäre jedes dieser Wörter jeweils eine Art, dann wären wir Menschen nur ein einziges Wort in einem mit 200 Büchern vollgestopften Billy-Regal ...

Und trotzdem geht es meistens um uns. Auch in diesem Buch wird es um uns Menschen gehen, um unsere Sicht auf die Welt. Es geht aber vor allem darum, dass dieses »uns« nicht denkbar wäre ohne die »anderen« – kein »hier der Mensch und dort die Natur« –, weil wir Teil der Natur sind und es eigentlich keinen einzigen Lebensbereich des Menschen gibt, der nicht vom Funktionieren »der anderen« (also der Intaktheit der Natur) abhängig ist.

Würde man sie fragen, würden die meisten Menschen wohl sagen, dass der Schutz der Natur ein lohnenswertes Ziel sei. Wie unmittelbar aber unsere grundlegendsten Bedürfnisse und damit unser Wohlergehen von den Leistungen verschiedenster Ökosysteme abhängen, wie essenziell dieser Schutz also auch für uns selbst ist, ist uns selten bewusst – und genauso wenig, welche Vielfalt an Lebewesen und Lebensräumen diese Ökosysteme zum Funktionieren brauchen. Deswegen bringen wir auch unseren Gang in den Supermarkt gedanklich nicht mit der Zerstörung von Regenwäldern oder Korallenriffen in Verbindung, obwohl das eigentlich durchaus angebracht wäre.

Was unser tägliches Leben mit Biodiversität zu tun hat, möchten wir in diesem Buch genauer betrachten. Wir zeigen auf, wie wir als Individuen und als Gesellschaft mit unserem Verhalten die Natur beeinflussen und wie wir in unserem ureigenen Interesse klüger handeln könnten, als wir es oft tun.

Teil I

Damit wir uns richtig verstehen

Wer hat die schwerste Frau der Welt? Wer ist der Papa des Ligers? Und was hat Arnold Schwarzenegger mit einem Käfer zu tun? Wenn Sie beim nächsten Fernsehquiz zum Thema Biodiversität so richtig abräumen wollen, dann tauchen Sie mit uns ein in die faszinierende Welt von Afrikanischer Elefant bis Zilpzalp.

KAPITEL 1

Was genau ist »Biodiversität«?

Als biologische Vielfalt oder auch Biodiversität bezeichnet man die Vielfalt des Lebens auf unserem Planeten (und auch auf anderen, sofern wir dort irgendwann Leben entdecken). Dabei meint der Begriff »Vielfalt des Lebens« sowohl die **Vielfalt von Arten** (mein Hund gehört zu einer anderen Art als die Nachbarskatze) als auch die **genetische Vielfalt** innerhalb der Arten (Frau Schmidt ist weder Frau Meier noch Herr Müller) sowie die **Vielfalt der Ökosysteme**, in denen sie leben (ein Regenwald ist keine Wüste).

Dieser Dreiklang ist enorm wichtig für das richtige Verständnis von Biodiversität. Eine riesige **Artenvielfalt**, bei der aber von jeder Art nur ganz wenige Individuen existieren, könnte leicht zum Aussterben solcher Tier- und Pflanzenarten führen, weil die genetische Vielfalt so gering wäre, dass jeder Krankheitserreger leichtes Spiel hätte und Inzucht an der Tagesordnung wäre.

Umgekehrt böten auch ganz wenige Arten mit vielen Individuen und einer sehr großen **genetischen Vielfalt** keine Basis für funktionierende Ökosysteme. Das wäre wie eine Stadt, in der es nur Maurer und Köche gäbe –

egal, wie viele unterschiedliche Maurer oder Köche dort lebten, es wäre niemand da, der Kinder unterrichtete, Fahrräder reparierte oder Kranke versorgte. Das wäre einfach zu wenig (Arten-/Berufs-)Vielfalt, um das Ökosystem »Stadt« am Leben zu halten.

Auch Ökosysteme sind nicht austauschbar. Einem Wattwurm *(Arenicola marina)* hilft die noch so artenreiche Umgebung eines Regenwaldes wenig. Er braucht die Bedingungen *seines* Ökosystems (Lebensraum plus Interaktionen und Prozesse), um zu existieren. Verschwindet dieser Lebensraum, oder werden die Abläufe in diesem Ökosystem zu stark verändert, so verschwinden auch die dort lebenden Arten, egal, wie schön es dort oder anderswo aus unserer Sicht sein mag.

Wenn wir uns, was wir in diesem Buch ja tun wollen, darüber klar werden möchten, wie wir mit den uns umgebenden Arten und Ökosystemen zusammenhängen – beziehungsweise von ihnen abhängen, dann ist es wichtig, immer in diesen drei Kategorien von Vielfalt zu denken.

Bevor wir uns nun genauer Gedanken dazu machen, warum die Vielfalt aus dem uns umgebenden Leben überhaupt schwindet und wie wir das verhindern können, möchten wir noch ein paar grundsätzliche Dinge klären ...

Die bucklige Verwandtschaft – was ist eine Art?

»Ordnung muss sein ...«, dachte wohl schon Aristoteles, als er vor etwa 2300 Jahren in seiner Stufenleiter (Scala naturae) Lebewesen nach ihrem »Grad der Perfektion« einteilte. Diese Leiter ordnete alle »Gegenstände der Natur«

in eine kontinuierliche Reihe, und zwar vom Einfachsten zum Höchsten. Ganz oben stand natürlich der Mensch, es sei denn, die Leiter wurde gleich ins Göttliche verlängert.

Heute wissen wir, dass sich die belebte Welt nicht in einer einzigen Entwicklungslinie, sondern durch Evolution, eher einem Busch als einem Strang ähnelnd, in ganz verschiedene Richtungen entwickelt hat. Dabei haben alle heute existierenden Lebewesen von der Mücke bis zum Menschen den gleichen langen evolutiven Weg hinter sich, ohne dass man sie in eine Reihenfolge ansteigender Perfektion bringen könnte.

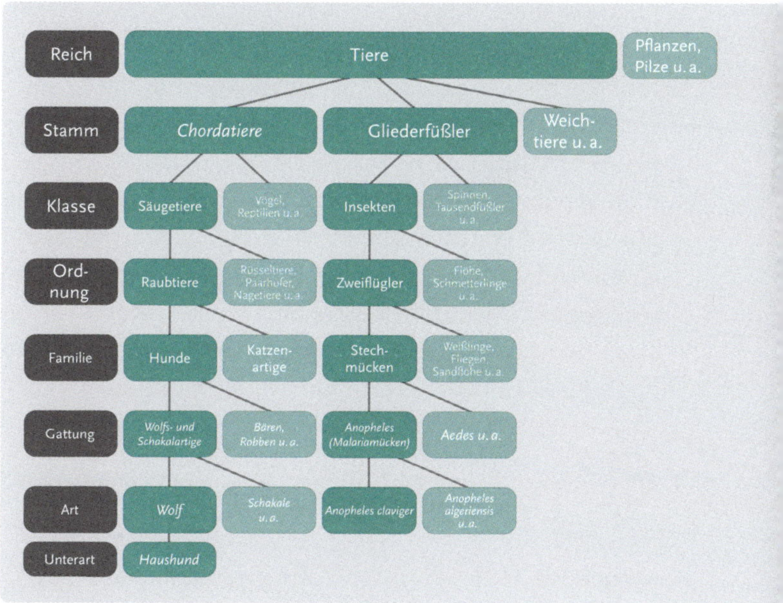

Nomenklatur der Arten nach Carl von Linné, beispielhaft gezeigt am Haushund und der Mückenart *Anopheles claviger*

Der Wunsch nach Ordnung ist aber geblieben, und so haben sich im Laufe der Naturforschung »Sortierungen« etabliert, die nicht eine vermeintliche Perfektion, sondern den Grad der Verwandtschaft untereinander abzubilden versuchen. Die gebräuchlichste wurde Mitte des 18. Jahrhunderts von dem Schweden Carl von Linné eingeführt und ordnet Lebewesen über mehrere Stufen der Verwandtschaft.

In diesem menschengemachten Setzkasten der Lebewesen ist die kleinste Sortierungsstufe die Art – in einigen Fällen noch die Unterart, und zwar immer dann, wenn Unterschiede schon deutlich sind, aber eben noch nicht so ausgeprägt, dass eine Aufspaltung in zwei Arten opportun erscheint. Bei Nutzpflanzen sowie Haus- und Nutztieren sprechen wir nicht von Unterarten, sondern von Sorten bei Pflanzen beziehungsweise Rassen bei Tieren.

Wer oder was aber legt fest, dass Mensch *(Homo sapiens)* und Schimpanse *(Pan troglodytes)* nicht nur zwei Arten sind, sondern gleich zu unterschiedlichen Gattungen gehören, während Dogge und Dackel (zwei Rassen) beide zur gleichen Unterart (dem Haushund: *Canis lupus familiaris*) des Wolfs *(Canis lupus)* gehören?

Übrigens …

Der Wolf gehört, wie Füchse und Schakale, zur Familie der Hunde. Unser umgangssprachlich verwendeter Begriff des Hundes ist also taxonomisch eher ungenau.

Hierfür kamen historisch zwei Methoden zum Einsatz: Der **biologische Artbegriff** definierte Organismen als zu einer Art gehörend, wenn sie nicht nur gemeinsame Nachkommen produzieren können, sondern diese sich auch wieder fortpflanzen, also Enkel produzieren können. Bei der Unterscheidung von Organismen mithilfe des **morphologischen Artbegriffes** wurden diese aufgrund ihrer äußeren Merkmale beziehungsweise genetischer Ähnlichkeit als zu einer Art gehörend definiert.

Beide Definitionen sind aber weniger definitiv, als man vielleicht denkt. Auch wenn wir eine Stockrose leicht von einer Schwarzkiefer unterscheiden können und wir wohl kaum eine – schon gar nicht reproduzierbare – Kreuzung aus einer Giraffe und einem afrikanischen Elefanten erleben werden, gibt es viele Fälle, in denen weder der eine noch der andere Ansatz in der Lage ist, die uns umgebende Vielfalt in ein schlüssiges Schema zu stecken. Das liegt daran, dass die Entwicklung von Arten ein kontinuierlicher (evolutiver) Prozess ist, den wir aufgrund unserer kurzen Lebenszeit als Standbild und nicht als Filmsequenz wahrnehmen. Nur aufgrund dieser schlaglichtartigen Betrachtung erscheint uns unsere belebte Umwelt als ein Set von unwandelbaren Arten, die eindeutig voneinander abgrenzbar sind beziehungsweise sein müssten.

Nehmen wir etwa den biologischen Artbegriff bei Pferd *(Equus caballus)* und Esel *(Equus asianus)*. Beide haben einen gemeinsamen Vorfahren. Kreuzt man eine Pferdestute mit einem Eselhengst, entsteht ein Maultier. Ist der Papa das Pferd und die Mama der Esel, dann

Wilde Mischung

Eine Hybridisierung, also eine Kreuzung zweier Arten, ohne dass diese in der nächsten Generation selbst Nachwuchs bekommen können, ist etwa auch bei Löwen *(Panthera leo)* und Tigern *(Panthera tigris)* oder Finn- *(Balaenoptera physalus)* und Blauwalen *(Balaenoptera musculus)* möglich. Während die Mischung aus Löwen und Tigern nur in Gefangenschaft stattfindet (sog. Liger oder Töwen), weil sich beide in freier Wildbahn eigentlich nicht begegnen, kommt es bei Finn- und Blauwalen durchaus auch in freier Natur gelegentlich zu Kreuzungen. Im Sommer 2018 wurde ein solches Exemplar von isländischen Walfängern gefangen.

Vater Löwe, Mutter Tiger – so entsteht ein Liger.

Während der Fang von Blauwalen weltweit illegal ist, hat die isländische Regierung die Jagd auf Finnwale 2006 wieder erlaubt, obwohl die Art international als gefährdet gilt. Auch der Fang von Hybriden aus Blau- und Finnwal ist nach isländischem Recht nicht strafbar. Um den illegalen Fang von Blauwalen auszuschließen, sind Walfänger aber verpflichtet, von jedem erlegten Tier Proben für einen Gentest zu nehmen. So kann jederzeit eine Artbestimmung durchgeführt werden, die in diesem Fall eine biologische Überraschung offenbarte. Der Hintergrund ist traurig: Nur weil sie nicht mehr genug Artgenossen finden, paaren sich Finn- und Blauwale miteinander.

heißt der Nachwuchs Maulesel. Maultier und Maulesel sind in der Regel nicht fortpflanzungsfähig und haben daher auch keinen offiziellen (lateinischen) Artnamen. Pferde und Esel bezeichnen wir folglich als zwei und nicht als eine Tierart. Selten kommt es aber doch vor, dass Maultiere fruchtbar sind – demnach wären ihre Eltern laut biologischer Artdefinition eigentlich doch Vertreter ein und derselben Art. Die Erklärung für diese Ausnahmen in der Fortpflanzung ist, dass beide Arten noch nicht lange genug getrennte Wege gegangen sind, sich also genau genommen noch im Prozess der jeweiligen Artbildung befinden.

Andere Schwierigkeiten der Anwendung des biologischen Artbegriffs liegen zum Beispiel darin, dass wir nicht alle Individuen einer Art dem biologischen Experiment der Kreuzung unterziehen können. So bleibt vermutlich die Frage unbeantwortet, ob Amseln aus Münster wirklich mit all den Amseln aus München, Mailand, Manchester oder Moskau fortpflanzungsfähige Jungtiere produzieren können und somit wirklich zu einer Art gehören. Ebenfalls nicht anwendbar ist der biologische Artbegriff auf alle die Tierarten, die sich ungeschlechtlich vermehren (siehe Kasten), von allen Pflanzen, die sich vegetativ reproduzieren, mal ganz abgesehen. Ach ja – und bei der nachträglichen Artbestimmung von Fossilien ist das mit der geschlechtlichen Fortpflanzung natürlich auch etwas schwer zu beobachten ...

Tierischer Nachwuchs ohne Männchen

Belege für eine Jungfernzeugung oder Parthenogenese kennen wir bei der Stecklingsvermehrung vieler Pflanzen. Forscher finden sie aber auch bei immer mehr Tieren. In diesem Fall entsteht Nachwuchs aus unbefruchteten Eizellen. Bestimmte Hormone gaukeln eine Befruchtung vor, und los geht's mit dem neuen Erdenbürger. Diese besondere Form der Fortpflanzung wurde bisher zum Beispiel bei Fadenwürmern, Käfern, Milben, Honigbienen, Schnecken, Skorpionen, Krebsen, Reptilien, Fischen und Vögeln nachgewiesen. Bei manchen dieser Arten gibt es überhaupt nur noch Weibchen, immer Parthenogenese und gar keine Männchen mehr. Ein Beispiel hierfür ist der Jungferngecko *(Lepidodactylus lugubris)*.

Braucht keine Männchen: der Jungferngecko.

Wenn also der biologische Artbegriff auf so wackeligen Füßen steht, spricht dann nicht alles für die Verwendung des morphologischen Artbegriffs? Leider hat auch der seine Tücken. Würden wir etwa nicht wissen, dass aus einer Kaulquappe ein Frosch wird, dann würden wir diese beiden Entwicklungsstufen einer Tierart sicher für zwei unterschiedliche Arten halten. Dieses Problem der stark abweichenden Morphologie gibt es nicht nur bei Tierarten, die eine Metamorphose (von der Kaulquappe zum Frosch oder der Raupe zum Schmetterling) durchmachen. Auch der Unterschied von Männchen zu Weibchen (der sogenannte Sexualdimorphismus) kann die Artbeschreibung erschweren. So weist etwa das Männchen des Tiefseeanglerfischs der Art *Ceratias holboelli* kaum Ähnlichkeit mit seinem 60-mal größeren und 500 000-mal schwereren Weibchen auf, an dem er sich mit Erreichen der Geschlechtsreife festbeißt, mit ihm zusammenwächst und dann von dessen Blutkreislauf ernährt wird. Tatsächlich hielt man Männchen und Weibchen solcher Tiefseeanglerfische so lange für zwei Arten, bis man sie gemeinsam fand und genauer untersuchen konnte. Und auch wenn wir auf die uns vertrauteren Arten Pferd und Esel zurückkommen, bleiben Unsicherheiten: Unterscheiden sie sich in ihrer Erscheinung stärker als zum Beispiel Dogge und Dackel, die ja beide zur Unterart der Haushunde gehören?

Tiefseeanglerfischweibchen mit festgebissenem Männchen am Bauch

Auch auf der Ebene von Genen wird die morphologische Artbeschreibung genutzt. Bei dieser als DNA-Barcoding bezeichneten Methode wird die Abfolge der Basenpaare (also Bausteine der DNA) bestimmter Gene zur Differenzierung von (auch eng verwandten) Arten genutzt. Obwohl oft hilfreich, hat auch diese Methode ihre Schwächen, weil die genetische Variation innerhalb mancher Arten größer ist als die Variation zwischen Arten bei anderen

Organismen. Der für die Aufspaltung von Arten festgelegte Unterschied des Erbgutes von drei Prozent ist dementsprechend willkürlich und entspricht nicht unbedingt der Unterscheidungsschwelle, die lebende Tiere bei der Suche nach einem Paarungspartner anwenden würden.

Langer Rede kurzer Sinn: Wir wissen, dass unsere Definitionen von Arten an Grenzen stoßen. Heute setzt sich daher immer mehr eine »integrative Taxonomie« durch, bei der verschiedene Aspekte (Genetik, Fortpflanzung, Morphologie und Evolution) gemeinsam betrachtet werden. Aber nun zur nächsten Frage ...

Aus der Art geschlagen – wie entsteht eigentlich eine Art?

Individuen einer Art sind mit wenigen Ausnahmen keine identischen Kopien voneinander. Sie unterscheiden sich genetisch und damit meist – wenn auch geringfügig – optisch, vom Geruch her oder in ihrem Verhalten voneinander. Diese genetische Variation innerhalb von Arten ist Ausgangspunkt der Bildung neuer Arten.

Die häufigste Form der Entstehung neuer Arten ist die **allopatrische Artbildung** (gr. άλλος *[allos]* für fremd und Πάτρα *[patra]* für Heimat). Sie tritt infolge einer räumlichen Trennung von Vertretern einer Art über einen längeren Zeitraum auf. Diese Trennung kann durch Plattentektonik hervorgerufen werden, die unüberwindbare Meere oder Gebirge entstehen lässt, oder durch Klimaänderungen, die Bereiche entstehen lassen, die aufgrund von Temperatur oder Vegetation von bestimmten Organismen nicht mehr durchquert werden können. Durch diese neuen Grenzen ist die Durchmischung des Genpools der beiden Teilpopulationen »rechts und links« der Grenze nicht mehr möglich. Schon zu diesem Zeitpunkt kommen einzelne Gene in den beiden Populationen rein zufällig unterschiedlich häufig vor oder fehlen mal auf der einen, mal auf der anderen Seite. Durch Mutationen ihrer Gene entwickeln sich die beiden Populationen von nun an verschieden und sind irgendwann so unterschiedlich, dass sie als zwei Arten beschrieben werden. Bis das geschieht, ist eine Hybridisierung (Vermischung) von Vertretern beider Gruppen möglich. Der Zeitraum, bis eine Hybridisierung nicht mehr möglich ist, wird bei Säugetieren auf 2 bis 4 Millionen Jahre, bei Vögeln auf etwa 20 Millionen Jahre geschätzt. Sehr viel schneller erfolgt die Aufspaltung in neue Arten bei Fischen. So haben sich Flundern in der Ostsee vermutlich schon nach weniger als 5000 Jahren in neue Arten aufgespalten.

Eine weitere Möglichkeit der Entstehung neuer Arten ist die **sympatrische Artbildung** (gr. σύν *[syn]* für zusammen und Πάτρα *[patra]* für Heimat), also die Bildung neuer Arten im selben geografischen Gebiet, wie sie zum Beispiel bei Buntbarschen in ostafrikanischen Seen oder den Galapagosfinken bekannt ist. In diesen Fällen haben zufällige Mutationen, die unterschiedliche Futterpräferenzen beziehungsweise unterschiedliche Schnabelformen zur Folge hatten, wohl zu individuellen Unterschieden bei der Nahrungsaufnahme geführt, die die Tiere sich über die Zeit so unterschiedlich haben entwickeln lassen, dass nebeneinander eigene Arten entstanden. Auch unsere einheimischen Singvögel

Fitis *(Phylloscopus trochilus)* und Zilpzalp *(Phylloscopus collybita)* gehen auf eine gemeinsame Ursprungsart zurück. Äußerlich sind beide Arten für Laien kaum voneinander zu unterscheiden. Ihr Gesang dagegen ist deutlich unterschiedlich und verhindert so auch für die Tiere eine Verwechslung eines möglichen Paarungspartners. Ausgelöst wurde ihre sympatrische Artbildung vermutlich durch individuelle Unterschiede im Balz- und Zugverhalten.

Wichtig ist dabei, dass der Prozess der Artbildung fortwährend abläuft, aber so langsam, dass wir ihn nicht direkt beobachten können.

Rein theoretisch könnten auch durch Züchtung nicht nur neue Sorten und Rassen, sondern komplett neue Arten entstehen. Das bräuchte aber genauso viel Zeit wie die natürliche Artbildung. Der einzige Unterschied wäre, dass der Mensch dabei durch Zuchtauswahl die Richtung bestimmen würde. Erst über viele Generationen (in der Regel Tausende) können sich Sorten oder Rassen so weit voneinander entfernen, dass sie am Ende als zwei Arten bezeichnet werden.

Noch sind sich die beiden Rassen Pudel und Labrador so ähnlich, dass sie sich jederzeit wieder kreuzen lassen. Übertragen auf ein Farbspektrum, sind sie quasi zwei Rottöne, aber noch keine neue Farbe (der Farbvergleich hinkt natürlich insofern, als dass eine »neue Farbe« sich im Wasserfarbkasten – anders als in der Natur – mit anderen mischen ließe). Bis wir aus einer Art eine neue Art gezüchtet hätten, würde es wohl viele Jahrtausende dauern. Selbst bei Arten, die wir schon lange züchten, ist uns die Schaffung neuer Arten auf jeden Fall noch nicht gelungen. So sind Haushunde und Hauskatzen ihren wilden Stammformen Wölfen und Wildkatzen immer noch sehr ähnlich und mit ihnen »kreuzbar«. Bei Äpfeln oder Rindern aber ist die wilde Urform vermutlich ausgestorben. Wie ähnlich in diesen Fällen unsere Zuchtformen also ihren Vorfahren sind, lässt sich nicht mehr überprüfen.

Und Tschüss – so verschwinden Arten

Arten entstehen nicht nur ohne unser Zutun, Arten verschwinden auch wieder auf ganz natürliche Weise. Wissenschaftler vermuten, dass 99,9 Prozent aller jemals entstandenen Arten heute nicht mehr existieren.[1] Die meisten dieser verschwundenen Arten sind aber nicht ausgestorben in demjenigen Sinne, dass der letzte Vertreter einer Art sein Leben ausgehaucht hat. Vielmehr sind die meisten Spezies nicht mehr nachweisbar, weil sie sich in andere Arten entwickelt oder aufgespalten haben. Die mittlere »Lebensdauer«, über die eine Art als solche nachgewiesen werden kann, beträgt ungefähr 10 Millionen Jahre. Insgesamt gibt es also ein gewisses Grundrauschen, mit dem Arten verschwinden. Für Säugetiere liegt das bei weniger als einer von tausend Arten in tausend Jahren.

Mindestens fünf Mal traten in der Geschichte des Lebens auf unserer Erde aber sogenannte Massenaussterbeereignisse auf. Das größte vermutlich vor 252 Millionen Jahren, als geschätzte 90 Prozent aller damals existierenden Arten ausstarben. Dem letzten dieser katastrophalen

Ereignisse fielen vor 66 Millionen Jahren die großen Dinosaurier zum Opfer (die kleinen Dinosaurier gibt es noch – sie haben alle Federn und werden von uns inzwischen Vögel genannt). Die Gründe für diese Massenaussterbeereignisse lassen sich auf wenige Primärursachen reduzieren: Veränderungen der Zusammensetzung der Atmosphäre und Effekte eines Klimawandels. Damals und ganz ohne unser Zutun waren es Vulkanausbrüche und (zumindest in einem Fall) die Kollision mit einem Asteroiden, die diese Veränderungen hervorriefen.

Die Dauer des größten Massenaussterbeereignisses vor 252 Millionen Jahren wird heute auf möglicherweise »nur« 30 000 Jahre geschätzt (ein Zeitraum, der nach menschlichem Ermessen eine Ewigkeit darstellt, für Geologen aber mit dem Wort »plötzlich« am besten umschrieben ist). Wer nicht ausstarb, war zumindest stark gebeutelt. So brauchten Ammoniten (urtümliche Kopffüßer, also Verwandte von Kalmaren und Tintenfischen) ein bis drei Millionen Jahre, Korallenriffe acht bis zehn und Waldhabitate sogar etwa 15 Millionen Jahre, um sich von den Effekten des Ereignisses zu erholen.

Aussterben ist also ein ganz natürlicher Prozess. Wenn wir allerdings von den erwähnten Massenaussterbeereignissen absehen, ist das Aussterben von Arten eher selten. Das sogenannte jährliche Hintergrundsterben, die natürlich Aussterberate von Arten, liegt nach konservativen Schätzungen bei etwa eins zu einer Million, das heißt auf eine Million Arten kommt jedes Jahr eine, die ausstirbt.[2]

Huch, da bist du ja wieder

Das Aussterben von Arten ist gar nicht so leicht nachzuweisen. Immerhin muss man dazu belegen, dass der allerletzte Vertreter einer Art gestorben ist. Vielleicht versteckt sich aber eine(r) irgendwo? Die IUCN (International Union for Conservation of Nature) fordert, dass man überall, wo die Art vorkommen könnte, und über einen Zeitraum, der dem Lebenszyklus der Art entspricht, gründlich sucht. Wenn es dann keine begründeten Zweifel gibt, dass die Art verschwunden ist, dann wird sie als ausgestorben bezeichnet.

So weit, so gut. Quastenflosser hat niemand mehr gesucht. Immerhin sind die jüngsten Fossilien dieser Fischgruppe 70 Millionen Jahre alt. Neuere Belege ihrer Existenz, egal ob lebend oder fossil, gab es nicht. Umso mehr staunte Marjorie Courtenay-Latimer, Kuratorin am East London Museum in der Nähe von Kapstadt, als der Kapitän eines Fischdampfers ihr am 22. Dezember 1938 einen solchen Fisch präsentierte. Den hatte er in der Nähe der Mündung des Chalumna River gefangen. Trotz größter Anstrengung dauerte es bis 1952, bis wieder ein Exemplar von *Latimeria chalumnae* ins Netz ging – und das 3000 Kilometer entfernt vom ersten Fundort. Dort, zwischen den Komoren und Madagaskar, war der Fisch keinesfalls

Seit mehr als 400 Millionen Jahren erfolgreich: der Quastenflosser

unbekannt und galt, als Kombessa bezeichnet, schlicht als schlechter Speisefisch. Heute wissen wir, Quastenflosser gibt es seit 409 Millionen Jahren – ohne Unterbrechung und ohne dass sie in den letzten 70 Millionen Jahren einen Fossilbeleg hinterlassen hätten (zumindest soweit wir das wissen). Ausgestorben waren sie trotzdem nicht, nur eben selten. Inzwischen wissen wir mehr über die Tiere, die in Tiefen von 150 bis 400 Meter leben. Im Jahr 1997 wurde sogar eine weitere Art der Quastenflosser entdeckt, diesmal in Indonesien. Genetische Untersuchungen zeigten, dass beide Arten eng verwandt sind, aber seit 10 Millionen Jahren getrennte Wege gehen. Puh, was für eine lange Zeit!

Alles deutet darauf hin, dass die menschengemachte Aussterberate im Moment 1000-fach höher liegt und dass das vielfältige Eingreifen von Menschen in die Ökosphäre, das vor etwa 8000 Jahren begonnen hat, das sechste Massensterben hervorruft. Und diesmal geht es rasend schnell. Während wir das Aussterben der großen Dinosaurier und alle anderen Massenaussterbeereignisse wegen unserer kurzen Lebenszeit gar nicht wahrgenommen hätten, erleben wir den momentanen Artenschwund bewusst mit.

Aber auch das muss betont werden: So viel Vielfalt wie heute gab es nie zuvor! Die Entwicklung neuer Arten braucht Zeit, und viel Zeit war in der Evolution des Lebens auf unserer Erde vorhanden. Seit den Anfängen des Lebens auf unserem Planeten sind etwa 3,5 Milliarden Jahre vergangen. Tatsächlich gab es in den letzten 10 000 Jahren vermutlich mehr Arten als jemals zuvor.

Da sollte die Frage schon erlaubt sein, ob wir die denn wirklich alle brauchen. Wir können schon mal im Vorgriff auf den zweiten Teil des Buches verraten: »Ja, ziemlich sicher.« Das Holozän als das Erdzeitalter, in dem der *Homo sapiens* in nie da gewesener Weise gedieh, war geprägt von sehr hoher Biodiversität, und das ist kein Zufall. Unser Wohl und Wehe hängt von dieser Vielfalt auch heute weit mehr ab, als die meisten Menschen glauben.

Liegt alles in den Genen – warum genetische Vielfalt so wichtig ist

Wie bereits erwähnt, ist Biodiversität weit mehr als nur Artenvielfalt. Ein weiterer ganz wesentlicher Aspekt ist die genetische Vielfalt innerhalb von Arten.

Genetische Vielfalt ist nicht nur Garant dafür, dass die Evolution weiter sehr vielfältige Organismen und neue Arten hervorbringt, wodurch Ökosysteme auch in Zukunft, etwa bei veränderten klimatischen Bedingungen, ihre Leistungen erbringen beziehungsweise überhaupt noch bestehen können. Sie ist auch notwendig, um das rasche Aussterben von Arten zu verhindern, weil sie vielfältigere Individuen hervorbringt, die mit neuen Herausforderungen ihrer Umwelt leichter zurechtkommen als mehr oder weniger »ingezüchtete« Individuen.

Grundsätzlich kann man sagen, dass häufige und weit verbreitete Arten eine größere genetische Vielfalt aufweisen als solche, die noch in wenigen Exemplaren oder über ein sehr kleines Verbreitungsgebiet existieren. Weil Menschen Lebensräume anderer Lebewesen zunehmend verkleinern und zu Inseln in einem Meer unbewohnbarer Räume machen, ist genetische Verarmung für das Fortbestehen fast aller wild lebenden Organismen derzeit eine große Bedrohung.

Weil neue Arten zunächst als relativ wenige Individuen in einem kleineren Gebiet entstehen, ist ihre genetische Vielfalt gering. Grundsätzlich nimmt die genetische Vielfalt mit zunehmender Ausbreitung einer Art zu. Bei Arten wie dem Menschen mit mehr als sieben Milliarden Individuen und einer weltweiten Verbreitung ist sie besonders hoch.

Super schnell (weg)?

Geparde *(Acinonyx jubatus)* sind ein gutes Beispiel für einen Mangel an genetischer Vielfalt und dessen Folgen. Bereits vor 100 000 Jahren verließen Geparde ihre amerikanische Heimat, angetrieben vermutlich von einer Eiszeit, und gelangten über eine Landbrücke zunächst nach Asien, später nach Afrika. Die Wanderung in neue, unbekannte Regionen und harsche äußere Bedingungen reduzierten den Bestand deutlich. In der Folge nahm die genetische Vielfalt von Geparden dramatisch ab. Mit Ende der letzten Eiszeit vor etwa 10 000 bis 12 000 Jahren starben die amerikanischen Geparde komplett aus. Die genetische Vielfalt der Art insgesamt nahm dadurch weiter ab. Heute weisen zwei x-beliebige Geparde eine genetische Übereinstimmung von 95 Prozent auf. Sie sind damit wesentlich enger verwandt als menschliche Vollgeschwister (50 Prozent) und sich fast so ähnlich wie menschliche eineiige Zwillinge (100 Prozent).

Dank dieser genetischen Ähnlichkeit könnten sich alle Geparde der Welt problemlos gegenseitig Organe spenden. Das ist in ihrer momentanen Lage aber kaum Trost oder Hilfe. Neben der direkten Verfolgung und der Zerstörung ihres Lebensraums besteht die größte Gefahr für die heute noch etwa 7100 frei lebenden Geparde in dieser geringen genetischen Vielfalt. Sie haben zwar kein schlechtes, aber alle so ziemlich das gleiche Immunsystem. Sollte eine Gepardenkrankheit auftreten, die genau dieses Immunsystem nicht bekämpfen kann, werden Geparde endgültig aussterben.

Geparde sehen sich nicht nur äußerlich sehr ähnlich, sie sind es auch genetisch.

Genetische Vielfalt entsteht über sehr lange Zeiträume rein zufällig, weil immer wieder Mutationen auftreten. Ihr Rückgang passiert dagegen in der Regel schnell, und zwar dadurch, dass die Anzahl von Organismen einer Art rasch abnimmt. Einmal verloren gegangene Merkmale sind dann beispielsweise durch Rückzüchtung oder Genmanipulation nur wieder zurückzuholen, wenn diese Bauteile noch in nah verwandten Arten vorhanden sind.

Selbst wenn wir durch Klonen (Herstellen von genetischen Kopien von Individuen), Genome Editing (Einbau von noch vorhandenen DNA-Bruchstücken in das Erbgut naher verwandter Arten) oder Rückzüchtung (Verstärken von noch vorhandenen ursprünglichen Merkmalen durch Zuchtauswahl) lebensfähige Organismen erzeugen können, ist keine dieser Methoden geeignet, dem momentanen rapiden Arten- und Genschwund entgegenzuwirken. Verschiedene Forschungsprojekte arbeiten daran, aus noch vorhandener DNA ausgestorbener Tierarten neue Individuen zu erzeugen. Bislang sind solche Versuche jedoch erfolglos geblieben, und selbst wenn sie Erfolg haben, stünden die so erzeugten neuen Erdenbewohner den gleichen Problemen gegenüber wie die unzähligen derzeit bedrohten Arten.

Alles in allem können wir also festhalten, dass die Vielfalt des Lebens recht viel schneller zerstört als geschaffen ist. Allein mit den seit der Eroberung Amerikas bis heute verschwundenen etwa 300 Säugetierarten sind 2,5 Milliarden Jahre biologischer Entwicklung verloren gegangen (vom Einzeller bis zum Säugetier). Experten gehen davon aus, dass es, ausgehend vom Evolutionsstand heute, 3 bis 5 Millionen Jahre dauern würde, bis diese Menge verloren gegangener genetischer Vielfalt sich auf natürliche Weise wieder aufgebaut hätte.[3] Und auch das nur unter der Voraussetzung, dass die Treiber des menschengemachten Aussterbens nicht weiterhin wirksam wären.

Wald – Watt – Wüste: Die Vielfalt von Ökosystemen

Die dritte Komponente der Biodiversität ist die Vielfalt von Ökosystemen.

Wir Menschen sind im Laufe unserer naturwissenschaftlichen Forschung zu der Erkenntnis gekommen, dass Leben in einem begrenzten System wie dem unseres Planeten nur als ein Kreislauf mit hochkomplexen Netzen und Wirkungsgefügen möglich ist. Ökosysteme sind empfindlich und auf das gelungene Zusammenspiel (und Vorhandensein) vieler Arten an Lebewesen angewiesen. Biologische Vielfalt und funktionierende Ökosysteme sind untrennbar miteinander verbunden.

Ökosysteme bestehen aus Lebensgemeinschaften von Organismen (der Biozönose) und deren Lebensräumen (Habitate beziehungsweise Biotope). Teil von Ökosystemen sind auch die Prozesse, die in ihnen ablaufen und über diese auch die unbelebte Umwelt (Wasser, Steine, Bestandteile der Luft ...) miteinschließen. Es gibt keine Festlegung über die Größe eines Ökosystems – so kann die Flachwasserregion eines Sees genauso als ein Ökosystem beschrieben werden wie der gesamte See oder ein Baumstumpf ebenso wie der komplette Wald, in dem er sich befindet.

Ökosysteme sind nicht klar voneinander abgrenzbar (wo endet das Meer, wo fängt die Küste an?), sie sind offen, da sie in einem energetischen Austausch mit ihrer Umwelt stehen, sie sind in sich sehr komplex mit zahlreichen Wechselwirkungen von Organismen, und sie sind dynamisch, also permanenten Änderungen unterworfen. Weil die Definition eines Ökosystems also im

Auge des Betrachters beziehungsweise des erforschenden Wissenschaftlers liegt, gibt es auch keine allgemeingültige Liste existierender Ökosysteme. Jede Auflistung bleibt von der jeweiligen Definition abhängig.

Weil es keinen Ort auf der Erde gibt, der von Menschen komplett unbeeinflusst wäre, sind auch alle Ökosysteme durch den Einfluss von Menschen mehr oder weniger stark verändert worden. Der Weltbiodiversitätsrat, kurz IPBES (Intergovernmental Science-Policy Platform on Biodiversity and Ecosystem Services), wollte sich vom Zustand der Ökosysteme ein wissenschaftliches Gesamtbild machen. Für seinen Bericht haben sich internationale Forscher auf eine Liste von Ökosystemen geeinigt und diese bewertet. Die nachfolgende Analyse zeigte, dass massive menschliche Eingriffe für 75 Prozent aller Ökosysteme an Land und 66 Prozent aller Ökosysteme in den Weltmeeren zu beobachten waren.[4] Diese Veränderungen gehen mit einem massiven Verlust der Arten- und genetischen Vielfalt einher.

Das Rundum-sorglos-Paket – was Ökosysteme für den Menschen leisten

Die Berichte über den Verlust von intakten Ökosystemen sind keinesfalls nur für die dort lebenden Organismen schlechte Nachrichten, sondern auch für uns. Ökosysteme ernähren uns, indem sie für fruchtbaren Boden und Bestäubung sorgen, sie schützen uns vor Fluten, reinigen Wasser und Luft, liefern uns Arzneien und bieten Erholung, um nur einige ihrer »Services« zu nennen. Ohne sie stünden wir recht hilflos da.

Menschen hängen so stark von den Leistungen der Ökosysteme ab, dass dafür extra ein Wort geschaffen wurde: der Begriff der »Ökosystemleistungen« beziehungsweise »Ökosystemdienstleistungen«. Zugegeben: Dieser Begriff impliziert eine sehr menschenzentrierte Sicht der Dinge, die die Natur als eine Art Servicekraft für den Menschen abstempelt, und ist daher durchaus auch kritikwürdig – aber darauf gehen wir an späterer Stelle noch genauer ein (siehe Kapitel 10). Um zu verstehen, warum es höchste Zeit ist, dass wir Menschen den Schutz der biologischen Vielfalt ganz oben auf die Agenda setzen, ist das Konzept der Ökosystemleistung jedoch hilfreich, deshalb wollen wir uns hier darauf beziehen.

Um dem Wert dieser Dienstleistungen in der Logik unserer Weltwirtschaft einen Platz zu verschaffen, wäre es natürlich am einfachsten, sie zu monetarisieren, also für ihren Ge- und Verbrauch einen Preis anzusetzen. Genau das wird auch versucht. Im Wesentlichen nimmt man dazu entweder die Kosten für die künstliche Bereitstellung der ausfallenden Leistung (z. B. Kosten für die Bestäubung von Obstbäumen durch Menschen) oder die Kosten, die entstehen, um die bei Ausfall einer Leistung entstehenden Schäden zu beseitigen (z. B. Kosten für Hochwasserschäden, wenn Mangroven oder Korallenriffe zerstört wurden, die die Küsten vorher schützten).

Der im Februar 2021 veröffentlichte Dasgupta-Bericht der britischen Regierung belegt, dass sich das Finanzkapital pro Kopf auf unserer Welt zwischen 1992 und 2014 verdoppelt hat, das Humankapital (Wissen und Fähigkeiten von Menschen) um 13 Prozent angestiegen ist, das Naturkapital pro Erdenbürger im gleichen Zeitraum aber um fast 40 Prozent gesunken ist. Auch die internationale TEEB-Initiative (The Economics of Ecosystems and Biodiversity) hat umfangreiche Studien auf verschiedenen nationalen Ebenen durchgeführt und ist zu durchaus eindrucksvollen Zahlen gekommen. So zeigten die ausgewerteten Studien, dass der ökonomische Wert intakter Feuchtgebiete weltweit bei ca. 3,4 Milliarden US-Dollar pro Jahr liegt[5] oder dass Schweizer Honigbienen durch ihre Bestäubungsleistung 213 Millionen US-Dollar pro Jahr erwirtschaften.[6]

Ökosystem vs. Volkswirtschaft

Ein Team um den renommierten Umweltökonomen Robert Costanza (Australian National University) hat 2014 die weltweiten jährlichen Leistungen von Ökosystemen für das Wohlergehen von Menschen (bezogen auf 2011) auf über 125 Billionen US-Dollar beziffert. Im Vergleich: Das weltweite Bruttoinlandsprodukt lag laut Weltbank 2011 bei gut 73 Billionen US-Dollar, also bei etwas mehr als der Hälfte.

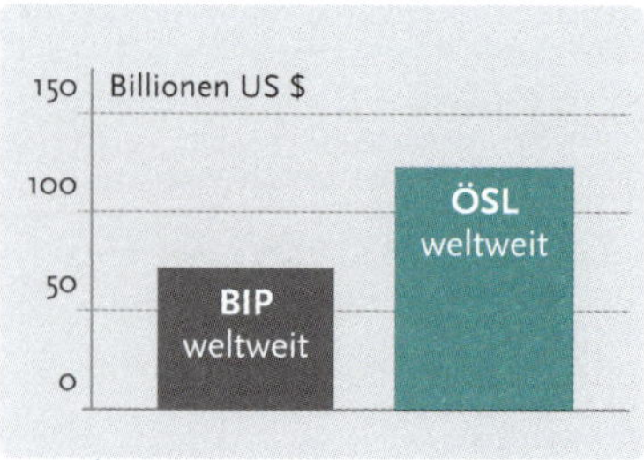

Leider vermuten die Forscher auch, dass die Leistungen der Ökosysteme aufgrund von Landnutzungsänderungen zwischen 1997 und 2011 um jährlich 4,3 bis 20,2 Billionen US-Dollar zurückgegangen sind.[7]

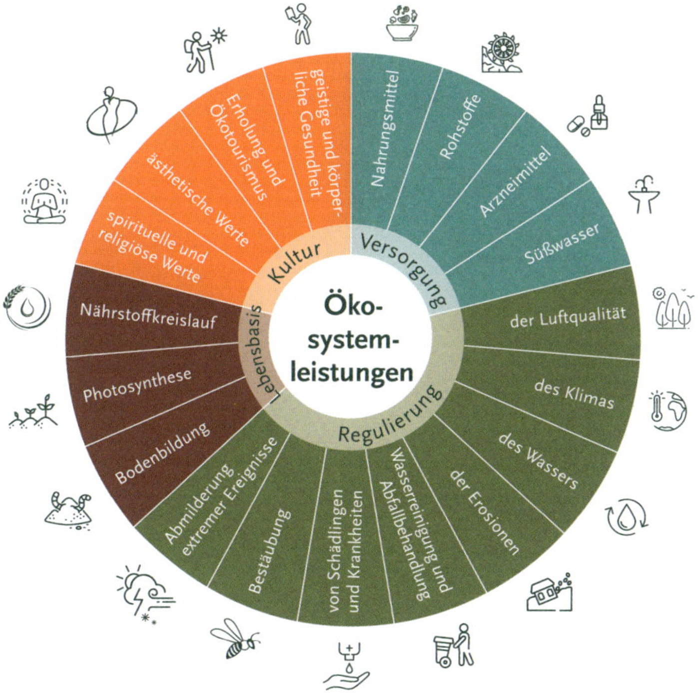

Das leisten Ökosysteme für uns.

Gleichzeitig betonen die TEEB-Autoren ausdrücklich, dass eine rein auf monetäre Größen ausgelegte Bewertung dieser Leistungen natürlich zu kurz greift. Abgesehen von solchen Nutzen für den Menschen, die eben doch schwer in Zahlen gefasst werden können (z. B. Naturerlebnisse oder Sicherheitsaspekte), hat der Schutz der Natur einen gewichtigen intrinsischen Wert – ein Recht auf Erhalt, auch ohne sich in monetärem Nutzen

Auch Anmut macht die Welt reicher.

für den Menschen auszudrücken. Dennoch stellt die TEEB-Initiative einen wertvollen Ansatz dar, die Inanspruchnahme von Naturkapital wenigstens in Ansätzen als Kosten in unsere leider nun einmal stark ökonomisch geprägten Entscheidungsprozesse einfließen zu lassen. Die Monetarisierung von Ökosystemleistungen soll nicht ein Preisschild für Natur sein, sondern ein Zeichen ihrer Inwertsetzung. Aber hierzu mehr in Kapitel 10.

Grundsätzlich kann man bei Ökosystemleistungen versorgende, unterstützende, regulierende und kulturelle Funktionen unterscheiden. Die Abbildung auf der vorigen Seite gibt einen Überblick. All diese Ökosystemleistungen stehen in Zusammenhang mit verschiedenen Bereichen unseres Lebens. Wir können nicht auf eine einzige verzichten, ohne dass sich unser Leben erheblich verändern würde.

Manche dieser Leistungen, wie das Filtern von Luft oder Wasser, können Menschen teuer, aufwendig und kleinräumig durch technische Prozesse ersetzen. Andere, wie die Bereitstellung fruchtbarer Böden oder die Erzeugung natürlicher Ressourcen, kann nur die Natur leisten.

Dabei ist die Leistungsfähigkeit von Ökosystemen unmittelbar mit der Biodiversität in ihnen verknüpft. Egal, ob Ökosysteme von Natur aus artenarm (z. B. Salzwiesen an der Nordsee) oder artenreich (z. B. tropische Regenwälder) sind – sie funktionieren nur, wenn die für sie charakteristische Biodiversität vorhanden ist. Lebendige Vielfalt in Ökosystemen macht diese stabiler gegenüber Störungen. Fällt eine Art aus, kann ihre Funktion hoffentlich von einer anderen Art übernommen werden, und das erhöht die Chance, dass Ökosystemleistungen auch im Falle von Naturkatastrophen oder Eingriffen des Menschen noch erbracht werden können. Man spricht hier von Resilienz.

Die oben aufgeführten Ökosystemleistungen sind die Grundlage für unser Leben und unser Wohlergehen. Im zweiten Teil werden wir sie noch genauer betrachten. An dieser Stelle schauen wir erst einmal auf den Status quo von Biodiversität und Ökosystemen und wie sie sich derzeit entwickeln ...

KAPITEL 2

Wie geht's uns denn heute?

Wer sich die Mühe machte, ganz Deutschland zu durchwandern, zu durchschwimmen, immer mal wieder in der Erde buddelte und Augen und Ohren offen hielte, der könnte von der Hochalm bis zum Watt verschiedene Ökosysteme durchschreiten und auf seinem Weg geschätzte 71 500 Tier-, Pflanzen- und Pilzarten entdecken, deren Individuen sich ihrerseits wiederum überwiegend genetisch von ihren Artgenossen unterschieden.

Aufgrund seiner geografischen Lage in den gemäßigten Zonen ist Deutschland im globalen Vergleich ein eher artenarmes Land. Wir teilen uns eine Fläche von 357 386 Quadratkilometern mit etwa 48 000 Tierarten, 9500 Pflanzenarten und etwa 14 000 Pilzarten. Die auf ihre Fläche bezogen vermutlich artenreichste Region der Erde, der Nationalpark Yasuní, liegt im Osten Ecuadors und beherbergt auf nur 9820 Quadratkilometern uns bekannte 150 Amphibienarten, 121 Reptilienarten, 596 Vogelarten, bis zu 204 Säugetierarten, 499 Süßwasserfischarten und mindestens 655 Baumarten.[1]

Ganz Ecuador beherbergt mit einer Landfläche von

283 561 Quadratkilometer 22 000 Pflanzenarten (in Deutschland: 9 500), 1 600 Vogelarten (328), 405 Reptilienarten (13), 440 Amphibienarten (22) und 382 Säugetierarten (104).[2] Die Artenzahl in den hier nicht aufgelisteten Tiergruppen (Fische, Insekten, Spinnentiere, Weichtiere und, und, und) sowie der Pilzarten dürfte in Ecuador mindestens in die Hunderttausende gehen. Sie ist auf jeden Fall so hoch, dass niemand sie bisher hat zählen können. Warum gerade in den Tropen ein solcher Artenreichtum besteht, wird übrigens in Kapitel 11 erklärt.

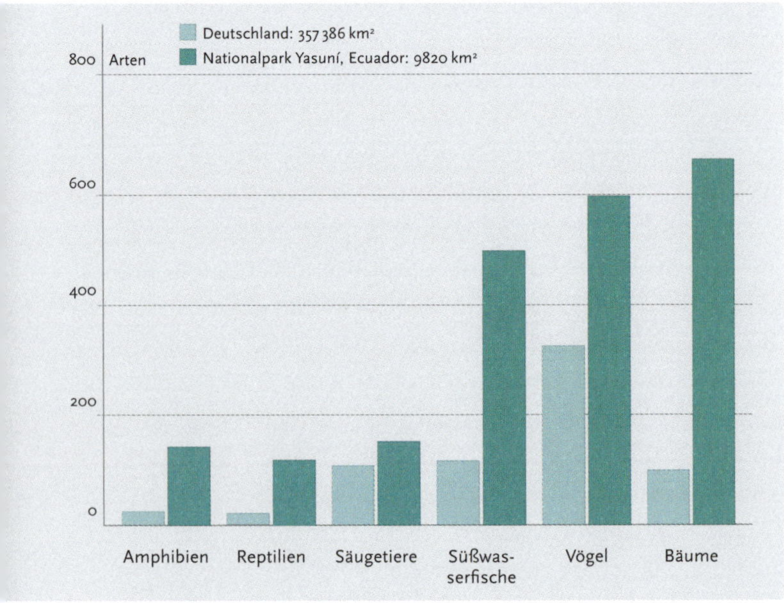

Vergleich der Artenanzahl ausgewählter Tier- und Pflanzengruppen im Nationalpark Yasuní und in Deutschland

Gar nicht so einfach – die Bestandsaufnahme

In Deutschland und im Nationalpark Yasuní haben Forscher mal genau hingeschaut und gezählt. Für die Artenvielfalt weltweit haben wir keine solch genauen Zahlen. Hier sind wir weitestgehend auf Schätzungen angewiesen. Das hat unter anderem damit zu tun, dass es bisher keine Datenbank gab, in der alle bis dato beschriebenen Arten erfasst wären. Das Wissen, wie viele und welche Tier- und Pflanzenarten wissenschaftlich beschrieben sind, ist auf Zeitschriftenartikel, Bücherkapitel oder Inventarlisten von Museumssammlungen verteilt. Seit Kurzem versucht das Projekt »Katalog des Lebens« nun aber, das bestehende Wissen im Hinblick auf die globale Artenvielfalt zu bündeln. In ihm sind 1 837 565 beschriebene Arten für das Jahr 2019 aufgelistet. Im Moment kommen ungefähr 10 000 weitere Arten pro Jahr hinzu – nicht weil sie neu entstanden sind, sondern weil sie erstmals wissenschaftlich beschrieben wurden.

Wir wissen also immer noch nicht ganz exakt, wie viele Arten von Lebewesen bisher wissenschaftlich beschrieben wurden, nähern uns da aber einer Antwort.

Größer wird die Unsicherheit, wenn es darum geht, mit wie vielen Arten wir uns die Erde **insgesamt** teilen, also inklusive der Zahl jener Arten, die wir noch gar nicht kennengelernt haben. Hier reichen die Schätzungen von zwei Millionen[3] bis zehn Billionen[4] Arten. Die sehr hohe Zahl speist sich aus der Vermutung, dass noch eine gigantische Zahl von Einzellern ihrer Entdeckung und Beschreibung harrt. Die große Bandbreite in

Wie beschreibt man eine Art?

Herr Rödel ist ein weltweit anerkannter Spezialist für Frösche. Während unsereins mit der Beschreibung »war grün und quakte« wenig zur einwandfreien Identifikation einer Froschart beitragen können, erkennt der Profi Herr Rödel sofort, wenn er ein Individuum im Kescher hat, das ihm und seinen Kolleg*innen gänzlich unbekannt ist.

Das sind erst mal schlechte Nachrichten für diesen Frosch, denn er oder sie muss nun sein Leben für die Wissenschaft lassen. Konserviert findet er als Typusexemplar einen dauerhaften Platz in einer zoologischen Sammlung. Herr Rödel wiederum beschreibt das bisher unbekannte Lebewesen in einer wissenschaftlichen Publikation. Dabei spielt es übrigens keine Rolle, dass der Frosch den Anwohnern des Gebietes, in dem Herr Rödel ihn das erste Mal gesehen hat, längst vertraut ist und von ihnen den Namen »kpáhù« bekam. Es geht bei der erstmaligen Beschreibung nämlich nur um »new to science«, nicht um »neu für alle« oder »noch nie gesehen«.

Für die Wissenschaft also beschreibt Herr Rödel als Erster den Frosch mit einer Diagnose der Merkmale, die diese neue Art von allen anderen unterscheidet. Er wendet einen morphologischen Artbegriff an: »Abstand Auge–Nase kürzer als Abstand zwischen beiden Augen« könnte so ein Merkmal sein, sofern es bei allen bisher beschriebenen Arten anders ist. Und dann darf Herr Rödel natürlich auch einen neuen Namen vergeben, der am besten lateinisch und gleichzeitig beschreibend sein soll, aber durchaus auch mal eine Person ehren kann. So geschehen mit Arnold Schwarzenegger und dem nach ihm benannten Käfer *Agra schwarzeneggeri*. Ein Teil der Beine dieses Insekts sind auffallend verdickt und erinnerten den namensgebenden Forscher an die Bizeps des Actionfilmstars.

In wissenschaftlichen Texten stehen von nun an hinter dem neuen wissenschaftlichen Artnamen, der kursiv geschrieben wird, auch noch »Rödel« und die Jahreszahl der Erstbeschreibung. So weiß jeder, wem der kpáhù seit wann seinen offiziellen Namen verdankt. Anders als in der Botanik, wo bis heute sogar die komplette Artbeschreibung auch auf Lateinisch angefertigt werden muss, darf die in der Zoologie in einer beliebigen Sprache verfasst werden. »Puh, ein Glück!«, denkt Herrn Rödel.

den Schätzungen kommt daher, dass es keine allgemein akzeptierte Schätzmethode gibt. Grundlage der Schätzungen sind meist mathematische Modelle, bei denen das Ergebnis stark von den getroffenen Annahmen abhängt. Zu diesen Annahmen gehören solche über die mögliche Verbreitung von Arten, ihren Grad der Spezialisierung (jede Art hat z. B. eigene auf sie spezialisierte Parasiten) und das Hochrechnen der Artenvielfalt bekannter Ökosysteme auf unbekannte Systeme.

Kopfzerbrechen bereitet Wissenschaftlern neben all diesen Ungenauigkeiten übrigens auch, dass für viele Artengruppen schlicht Expert*innen fehlen, die überhaupt erkennen könnten, ob eine gefundene Art neu ist oder schon irgendwo beschrieben wurde. Fußballspielerin oder Pilot findet sich leider öfter auf der Liste der Berufswünsche als »Expert*in für Kreuzblütler« ...

All diese Unsicherheiten miteinbezogen, liegen die am häufigsten von Wissenschaftlern geäußerten Schätzungen bei etwa acht Millionen bisher unbekannten Arten, worunter neben Einzellern auch viele mehrzellige Arten vermutet werden, die beispielsweise in schwer zugänglichen Regionen der Erde vorkommen, wie etwa der Tiefsee, und deren wissenschaftliche Erforschung noch in den Anfängen steckt.

Auch wenn wir die meisten Arten auf unserer Erde noch nicht kennen, gehen wir davon aus, dass sie bedroht sind. Wie kommen wir darauf? Na ja, ganz einfach: Eigentlich gibt es keinen Grund anzunehmen, dass es den Spezies, die wir nicht kennen, besser gehen sollte als denen, die wir kennen. Denn erstens gibt es keinen Ort der Erde mehr, auf den wir Menschen keinen Einfluss haben – selbst im Marianengraben bis zu 11 000 Meter unterhalb des Meeresspiegels und im arktischen Eis finden wir Mikroplastik, und die entlegensten Seen enthalten Schadstoffe, die über die Luft eingetragen wurden. Und zweitens gilt: Wenn wir Lebensräume zerstören, dann schwinden dabei nicht nur die Arten, die wir kennen, sondern vermutlich auch die, die wir nicht kennen. Als Grundlage für die Schätzung des gesamten Artensterbens dienen daher immer die Zahlen der Aussterberaten der uns bekannten Arten.

Die Internationale Union zur Bewahrung der Natur, kurz IUCN, bewertet den Zustand von Arten in Hinblick auf ihren Bedrohungszustand und veröffentlicht eine fortlaufend aktualisierte »Rote Liste«. Bis Anfang

2020 haben die Naturschutzexperten der IUCN von allen bekannten Arten etwas mehr als 116 000 auf ihren Bedrohungsgrad hin untersucht. Dabei haben sie über 31 000 Arten als bedroht eingestuft, also etwa 27 Prozent. Extrapoliert man diesen Wert auf die geschätzten gut acht Millionen Arten, wären schon heute über zwei Millionen Arten vom Aussterben bedroht.

Aber diese Hochrechnung hinkt, denn wir können nicht davon ausgehen, dass die Bedrohungslage in allen Gruppen gleich groß ist – vor allem deshalb nicht, weil die Gruppen mit unterschiedlicher Gründlichkeit untersucht wurden. Bisher wurden alle 5801 bekannten Säugetierarten und alle 11 126 bekannten Vogelarten untersucht, aber nur etwa 0,8 Prozent aller bekannten Insektenarten. Zu mehr reichten Finanzmittel und Manpower schlicht nicht. Während sich die Wissenschaftler zutrauen, mit ziemlicher Sicherheit angeben zu können, dass 25 Prozent aller Säugetiere und 14 Prozent aller Vögel bedroht sind, ist eine seriöse Schätzung bei Insekten kaum möglich.[5]

Auch der Weltbiodiversitätsrat (IPBES) veröffentlicht regelmäßig im Auftrag der Vereinten Nationen einen Bericht zum Zustand von Biodiversität und Ökosystemleistungen. Der jüngste Bericht von 2019 hat, basierend auf dem Bedrohungsgrad der wenigen daraufhin untersuchen Arten, sehr vorsichtig angenommen, dass die Zahl der vom Aussterben bedrohten Arten bei »nur 10 Prozent« liegt.

So sieht's aus

- **27 Prozent** aller bisher auf ihren Bedrohungsgrad hin untersuchten Arten sind **vom Aussterben bedroht** (41 Prozent der Amphibien, 25 Prozent der Säugetiere, 14 Prozent der Vögel, 30 Prozent der Haie und Rochen, 33 Prozent der Riffkorallen).
- Geschätzte **40 Prozent aller Insekten** sind bedroht.
- Nur etwa **ein Viertel** der für Deutschland typischen **Biotope** gilt als **ungefährdet.**
- Die weltweite **Biomasse von Säugetieren** (das Produkt aus Anzahl an Organismen und deren Gewicht) hat seit 1970 um 82 Prozent abgenommen.

Im Einzelnen:

Afrikanischer Elefant: 1800 ca. **26 Millionen** Tiere; 2016 ca. **415 000** Tiere

Tiger: um 1900 ca. **100 000** Tiere; 2015 **3000 bis 4000** Tiere

Blauwal: bis 1900 über **350 000** Tiere; 2020 **8000 bis 14 000** Tiere

Wandertaube: bis 1800 bis zu **7 Milliarden** Tiere; heute **0** Tiere

Selbst bei dieser niedrigen Prozentzahl kommt man zu einer Zahl von über 800 000 vom Aussterben bedrohter Arten insgesamt. Im Rahmen des gerade beobachteten Insektensterbens haben Wissenschaftler der Universitäten Sidney und Brisbane im Jahr 2019 sich damit beschäftigt, genauere Zahlen für den Bedrohungsgrad von Insektenarten zu finden, und sind zu dem Schluss gekommen, dass 40 Prozent aller Insektenarten vom Aussterben bedroht sind.

Aus der »Schätzerei« kommen wir damit nicht heraus. Aber spielt es überhaupt eine große Rolle, ob wir 50 000 oder zwei Million Arten verlieren? Wenn wir verstehen, dass auf unserem Planeten *jedes* Leben irgendeine Rolle in dem fantastischen System »Erde« spielt, dann lassen auch die 31 000 uns bekannten als bedroht eingestuften Tier- und Pflanzenarten schon die Alarmglocken für das Funktionieren unserer Lebensgrundlage schrillen.

Ein wichtiger Aspekt, der bei aller Diskussion über bedrohte Arten selten erwähnt wird, ist die Tatsache, dass lange vor dem Verlust des letzten Exemplars einer Art ein drastischer Rückgang der Population eingesetzt hat. Das heißt, die Biomasse an Organismen wird zunehmend geringer. In seinem Statusbericht von 2019 gibt der IPBES an, dass allein die Biomasse der Säugetiere auf unserem Planeten in den letzten 50 Jahren um 82 Prozent abgenommen hat. All diese Organismen fallen also bereits jetzt aus – als Nahrung für Menschen und Tiere, als Bestäuber und Samenausbreiter, als Landschaftsgestalter und Garanten der Funktionalität von Ökosystemen.

Hotspots der Biodiversität

Besonders brenzlig wird es, wenn besonders viele nur an speziellen artenreichen Orten vorkommende Arten durch den Menschen bedroht sind. Dann sprechen wir von Hot-

Ein Hotspot der Biodiversität: die Mata Atlântica in Brasilien

spots der Biodiversität – Orte, die nicht nur eine sehr hohe Biodiversität aufweisen, sondern leider auch stark bedroht sind. Weltweit gibt es 34 solcher Hotspots, die zusammen nur 2,3 Prozent der Landesfläche der Erde ausmachen. In diesen Hotspots leben aber 50 Prozent aller Pflanzenarten, 55 Prozent aller Süßwasserfischarten und 77 Prozent aller Landwirbeltierarten. 42 Prozent aller Landwirbeltierarten und 50 Prozent aller Pflanzenarten kommen überhaupt nur in solchen Hotspots vor.

»Wow«, denkt man da, »darauf müssen wir jetzt aber mal aufpassen!« Tun wir aber nicht: Ungefähr 86 Prozent der ursprünglich einmal vorhandenen Hotspotflächen wurde bereits durch Menschen zerstört.

Und es sind nicht nur die Arten, die weniger werden. Auch die Lebensräume werden weniger. Das Bundesamt für Naturschutz (BfN) hat für das Jahr 2017 eine Rote Liste der gefährdeten Biotoptypen veröffentlicht (Biotoptypen bezeichnen eine Gruppe von gleichen Lebensräumen, die unter Umständen weit voneinander entfernt liegen; das unterscheidet sie von Ökosystemen). In dieser Liste werden für Deutschland 863 Biotoptypen aufgelistet, von denen erschreckende 243 (28 Prozent) als stark gefährdet oder gar als vollständig vernichtet gelten, weitere 179 (21 Prozent) als gefährdet bis stark gefährdet. 168 Biotoptypen stehen auf einer Vorwarnliste, und lediglich 213 gelten als derzeit ungefährdet (für weitere 60 Biotoptypen besteht keine ausreichende Datengrundlage, oder sie erschließen sich keiner sinnvollen Bewertung). Nur 213 ungefährdet ... das ist gerade mal ein Viertel. Stellen wir uns vor, drei von vier Häusern in Deutschland hätten teils massive statische Probleme, die im schlimmsten Fall zum Einsturz führten – so etwa steht es um die natürlichen Lebensräume um uns herum.

Ohne Rücksicht auf Verluste – die Treiber des Wandels

Die Gründe, warum Arten und ihre Lebensräume so bedroht sind, sind vielfältig (wobei »vielfältig« die Sache in diesem Fall nicht schöner, sondern komplizierter macht). Ein erster umfangreicher Bericht, der sich mit den Veränderungen der Ökosysteme und deren Auswirkungen auf das menschliche Wohlergehen befasste, war der von den Vereinten Nationen initiierte **Millennium Ecosystem Assessment** (MEA) Report. An ihm waren von 2001 bis 2005 über 1360 internationale Experten beteiligt, und die darin erlangten und zusammengefassten Erkenntnisse bieten auch heute noch die wesentliche wissenschaftliche Grundlage für das Verstehen und Bewerten des Zustandes unserer Erde. Bei den zentralen Ursachen der Ökosystemveränderungen unterscheidet der MEA direkte und indirekte Treiber des Wandels.

Bleibender Eindruck

Wir Menschen greifen so massiv in die natürlichen Prozesse unseres Planeten ein, dass führende Wissenschaftler demnächst bei der International Commission on Stratigraphy beantragen wollen, dass das jetzige geochronologische Zeitalter in »Anthropozän« (griechisch »ánthropos« für Mensch, also das Menschenzeitalter) umbenannt wird. Das ist leider erst mal kein Anlass zur Freude: Das Anthropozän ist zwar geprägt durch die Entwicklung neuer Materialien und einen gigantischen technologischen Fortschritt, aber auch durch menschengemachten Klimawandel und einen massiven Biodiversitätsverlust.

Die bedeutendsten direkten Treiber, die das MEA identifiziert, sind die Veränderung von Habitaten, die Übernutzung natürlicher Ressourcen, die Verschmutzung unter anderem durch Nitrate und Phosphate, invasive Arten und nicht zuletzt der Klimawandel.

Die direkten Treiber des Wandels …

Erstens: Unter der **Veränderung von Habitaten** (= Lebensräumen) versteht man Landnutzungsänderungen, wie etwa die Umwandlung von Wäldern in landwirtschaftliche Flächen. Heute beträgt die Summe der weltweit landwirtschaftlich genutzten Flächen etwa elf Prozent der globalen Landfläche. Und wir wandeln weiter Land um: Wir roden Regenwald, um kurzfristig auf den frei werdenden Flächen Nahrungs- oder Energiepflanzen anzubauen, und zerstören dabei natürlichen Lebensraum für unzählige Tier- und Pflanzenarten, geben fruchtbaren Humus Wind und Wetter preis und berauben uns wichtiger Wasserspeicher (auf das Thema Regenwaldvernichtung gehen wir in Teil III noch genauer ein). Am Ende sind die Folge degradierte Böden, die für Landwirtschaft nicht mehr taugen. Weil immer mehr Land durch solche Umnutzungen degradiert wird, hat trotz der massiven Zerstörung natürlicher Ökosysteme die landwirtschaftlich genutzte Fläche von 1991 bis 2016 nicht mehr zugenommen. Die Gewinnung neuer Flächen durch Umnutzung gleicht also gerade einmal den Verlust alter Flächen durch Degradierung aus!

Zweitens: Gleichzeitig **übernutzen** wir die uns zur Verfügung stehenden **natürlichen Ressourcen**. Ein klassisches Beispiel sind hier die weltweiten Fischbestände. Mit immer raffinierteren Fangmethoden holen wir Fische aus den Meeren, und zwar mehr, als diese an Nachwuchs produzieren können. Inzwischen führen selbst die modernsten Fangtechnologien nicht mehr zu einer Zunahme der angelandeten Fischmenge. Ein deutlicher Beleg für die Übernutzung einer Ressource! Weltweit gelten 33 Prozent der Bestände als überfischt und damit in ihrem Fortbestand bedroht.[6] Werden die Fischschwärme kleiner, machen wir die Netze größer und zerstören so nebenbei mit Schleppnetzen in Bodennähe wertvolle Korallenriffe, Brutstätten für Fische und Heimat unzähliger anderer Tiere und Pflanzen. Eine andere Art der Übernutzung ist die Jagd von Wildtieren durch

Wilderei, aber auch durch genehmigte Jagd. Hier werden auf der Suche nach Nahrung oder zum Zweck der Veräußerung teurer Tierteile (Zähne, Häute, Genitalien) einfach mehr Tiere gejagt, als in der gleichen Zeit heranwachsen können. Die Überjagung von Nashörnern, Thunfischen, Haien oder Schuppentieren sind aktuell dramatische Beispiele.

Drittens: Das nächste Problem, ebenso geboren aus unserem Hunger nach günstigen Nahrungsmitteln, ist der übermäßige **Eintrag von Dünge- und Pflanzenschutzmitteln** durch die industrielle Landwirtschaft. Mithilfe hocheffizienter Entwicklungen in diesem Bereich hat der Agrarsektor seit Mitte des letzten Jahrhunderts eine enorme Produktivitätssteigerung erfahren, die zur Sicherung der Welternährung beigetragen hat. Düngemittel werden indes mittlerweile oft und weit verbreitet in weit höherer Konzentration ausgebracht, als Pflanzen die verabreichten Nährstoffe (u. a. Stickstoff und Phosphor) aufnehmen können. Das kann aus Unwissen oder Praktikabilitätsgründen geschehen, aber auch als bewusste Verklappung von sonst als Sondermüll zu entsorgenden Abfällen aus Tiermast oder Biogasanlagen. So gelangen die Düngemittel zum einen in unser Trinkwasser und zum anderen in Gewässer, wo sie das Wachstum von Wasserpflanzen wie Algen fördern. Bei der Zersetzung dieser Biomasse wird so viel Sauerstoff verbraucht, dass der O_2-Gehalt im Wasser danach so niedrig ist, dass Fische und Kleinstlebewesen ersticken.

Genauso schädlich sind die sogenannten Pflanzenschutzmittel – Pestizide und Herbizide, die zwar eine bestimmte Pflanze schützen, aber für die meisten anderen Pflanzen und Tiere tödlich sind. Statt nur bestimmte Pflanzenschädlinge anzugreifen, machen sie auch für eine Vielzahl anderer Lebewesen ein Leben auf und in der Nähe von landwirtschaftlichen Flächen unmöglich.

Viertens: Mit Containerschiffen, Frachtmaschinen, aber auch in Gepäck reisen immer öfter auch Arten unfreiwillig um die Welt. Finden sie an dem neuen Ort günstige Lebensbedingungen, können sie zu sogenannten **invasiven Arten** werden, die anderen bisher heimischen Arten das Leben im Kampf um Nahrung und Raum schwer machen können. Allein in Deutschland sind 168 Arten bekannt, die in diese Gruppe gehören, darunter der Riesen-Bärenklau und die Bisamratte.

Fünftens: Zu guter Letzt und leider sehr drastisch ist Biodiversität durch das sich **verändernde** Klima bedroht. Ansteigende Temperaturen und zunehmende Trockenheit verkleinern die Verbreitungsgebiete Kälte liebender Arten bis hin zum Verschwinden ganzer Ökosysteme. Extremwetterereignisse, die durch den Klimawandel zunehmen, können zum Aussterben von Populationen und Arten mit kleinem Verbreitungsgebiet führen. Durch den Klimawandel kommt es außerdem zu Arealverschiebungen, die zu neuen Konkurrenzsituationen führen, weil Arten in neue Gebiete einwandern, oder zur Desynchronisation von Organismen, die symbiotisch oder in Nahrungsnetzen miteinander verbunden sind. So können Insekten zum Beispiel durch die früher einsetzende Vegetationsperiode im Frühjahr schneller mit der Fortpflanzung beginnen. Kehren Zugvögel dann zur üblichen Zeit in ihre Brutgebiete zurück, sind Raupen bereits zu Schmetterlingen geworden, die für die Jungvögel nicht mehr als Nahrung genutzt werden können. Darüber hinaus hat natürlich auch ein Steigen des Meeresspiegels massive Auswirkungen auf Küstengebiete und ihre Bewohner. Je nach Topografie und Besiedelung ist ein einfaches Zurückweichen von Lebensräumen ins Landesinnere nicht immer möglich. Einzigartige Ökosysteme, die sich teils über Millionen von Jahren gebildet haben, verschwinden so.

... und die indirekten Treiber des Wandels

Anders als die direkten Treiber, die (wie der Begriff ja schon sagt) in einem direkten, unmittelbaren Zusammenhang mit den Ökosystemen stehen, sind die indirekten Treiber diejenigen, die wiederum die direkten Treiber erst in Gang setzen.

Unter diese indirekten Treiber fallen vor allem gesellschaftliche Entwicklungen wie das **Bevölkerungswachstum**, das unter anderem enorme Anforderungen an die Nahrungsmittelproduktion stellt und damit Druck auf Landwirtschaft und Fischerei ausübt.

Ein anderer Aspekt ist die **ökonomische Entwicklung**. Die Globalisierung hat weltweit Wachstum und Produktivitätssteigerung zum Ziel gesellschaftlichen Handelns gemacht. Pro-Kopf-Einkommen sind, wenn auch leider

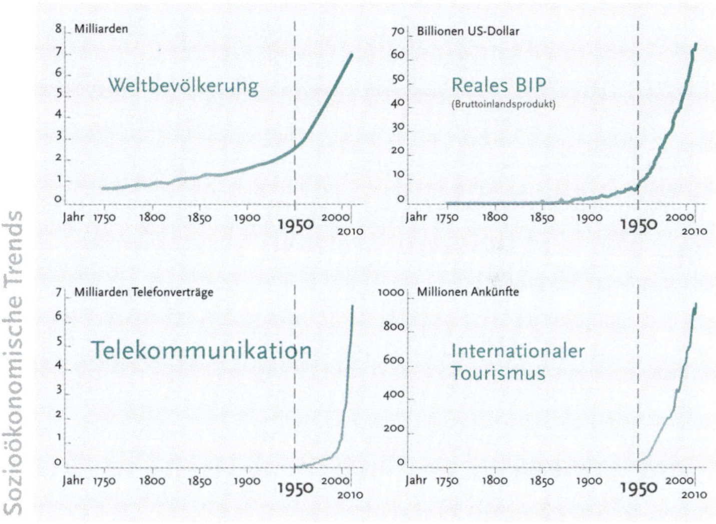

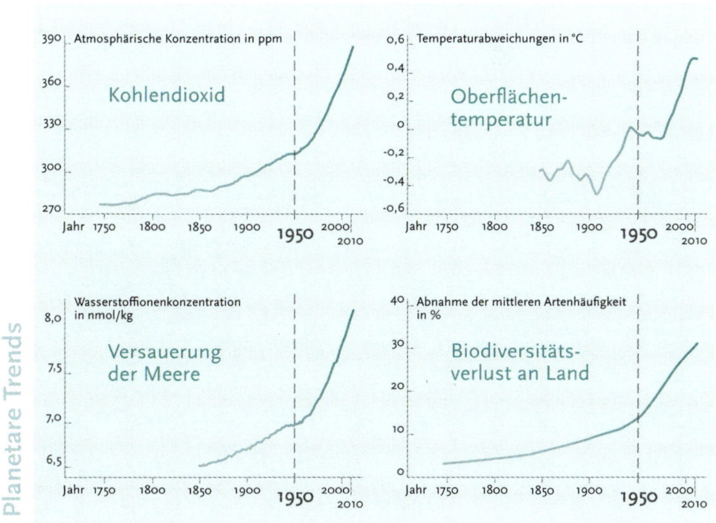

The Great Acceleration: Die Beschleunigung der Welt

Amazonas auf der Kippe

Der Amazonas-Regenwald steht kurz vor der Erreichung eines *Tipping Points*.[7] Dieser wäre dann erreicht, wenn die Waldfläche im Amazonasgebiet zu klein würde, um selbst genug Regen zu erzeugen, um sich zu erhalten. Dann würde der noch verbleibende Wald durch zu geringen Niederschlag austrocknen, und alle Bemühungen, die weitere Entwaldung zu stoppen, wären umsonst. Wissenschaftler sind sich nicht sicher, ob das bei einer Entwaldung von 20 oder erst von 40 Prozent eintreten würde. Sicher ist aber, dass der Wald dann unaufhaltsam verschwände – mitsamt seiner Biodiversität und seinen für uns überlebenswichtigen Ökosystemleistungen. Seit 1970 hat der Amazonas-Regenwald bereits 17 Prozent seiner Fläche verloren. Es ist also allerhöchste Zeit einzugreifen!

Wolkenbildung über dem Regenwald

nicht gleich verteilt, weltweit gestiegen und haben damit zu steigendem Konsum und zu veränderten Lebensgewohnheiten geführt. Dieser Trend setzt sich vor allem in Schwellenländern derzeit stark fort und treibt den Bedarf an Ressourcen, Nahrungsmitteln und Fläche weiter in die Höhe.

Wissenschaftlicher und technologischer Fortschritt haben dabei geholfen, diesem Bedarf gerecht zu werden, gleichzeitig aber in vielen Fällen den Druck auf Ökosysteme erhöht, etwa wenn immer effizientere Fischtrawler Fangquoten steigerten oder immer größere, leistungsstärkere Maschinen auf immer größeren, flurbereinigten Ackerflächen zum Einsatz kamen.

Die Geschwindigkeit der Veränderung dieser Parameter des menschlichen Wirkens auf unserem Planeten wird von Wissenschaftlern mit dem Begriff »Great Acceleration«, »große Beschleunigung«, beschrieben. Seit etwa 1950 explodieren Größen wie das Bevölkerungswachstum, verschiedene Aspekte des technologischen Fortschritts (wie etwa Nutzung von Telekommunikation), Anzeiger menschlichen Wohlergehens (wie das Bruttosozialprodukt oder der internationale Tourismus) und mit ihnen die Nutzung natürlicher Ressourcen (seien es Fische oder Holz aus natürlichen Wäldern) und die Belastung der Atmosphäre. Und damit gilt diese »große Beschleunigung« leider auch für die Bedrohung von Biodiversität auf unserem Planeten.

Auch nach 300 Millionen Jahren Evolution sind Libellen äußerlich kaum von ihren Vorfahren zu unterscheiden.

… und irgendwann reicht es – Tipping Points

Wenn wir uns anschauen, wie lange wir unserer Natur bereits zu viel zugemutet haben, ohne dass wir bisher allzu massive Auswirkungen auf unser eigenes Leben wahrgenommen hätten, dann wird klar, dass Ökosysteme auch ein ziemliches Maß an Resilienz besitzen. Sie halten einiges aus. Garant für dieses »Aushalten« ist wiederum eine intakte biologische Vielfalt.

Man könnte sagen: Biodiversität arbeitet stoisch gegen rasche Veränderungen an, bis es eben nicht mehr geht. Stirbt etwa ein Bestäuber aus, gibt es in einem artenreichen Ökosystem dafür tierischen Ersatz. Sterben aber zu viele Arten von Bestäubern aus, fehlt erst die Nahrung für Insektenfresser, dann Früchte für Vögel und Säuger (weil Blüten nicht bestäubt wurden), die ihrerseits Schädlinge in Schach halten. Das wiederum kann dazu führen, dass Parasiten und Krankheiten Bäume und Sträucher befallen.

Manchmal ist es genau die *eine* Art zu viel, die ausstirbt und damit eine dramatische Kaskade des Ökosystemkollapses einleitet. Dann spricht man davon, dass ein **Tipping Point** erreicht wurde. Solche Kipp- oder Umschlagpunkte sind dadurch charakterisiert, dass hier minimale Veränderungen maximale Effekte bewirken. Dann reicht der sprichwörtliche Tropfen, der das Fass zum Überlaufen bringt, um ein System in einen neuen, völlig anderen Zustand zu überführen, der aber auch wieder sehr stabil ist, was die Rückkehr in den alten Zustand nahezu unmöglich macht (das übergelaufene Wasser bekommen wir ja auch nicht mehr ins Fass). Und weil es bisher mit all der biologischen Vielfalt so wunderbar gelaufen ist für uns Menschen, ist man sich sicher, dass ein Zustand ohne diese Vielfalt nicht gerade erstrebenswert ist. Wissenschaftler*innen sehen die große Gefahr auch darin, dass wir kaum abschätzen können, wann und wo diese Kipppunkte liegen. Wir rotten Arten blindwütig aus, ohne zu wissen, wie wichtig sie für die Funktionalität des jeweiligen Ökosystems sind. Vielleicht verschwindet so eben eines Tages die eine Art, die alles um uns herum zusammenhält.

Wir haben am Anfang des Buches festgestellt, dass unser Blick auf die Natur nur eine Momentaufnahme ist, dass Arten und Ökosysteme auf Veränderungen reagieren, sich entwickeln, verschwinden und Neues hervorbringen. Das ist Evolution. Aber diese Evolution findet in so großen Zeiträumen statt, dass wir Menschen sie normalerweise nicht wahrnehmen, so wie wir auch die Bewegung des Stundenzeigers auf einer Uhr nicht wahrnehmen. Aber die Veränderungen, die momentan um uns herum passieren, sind durchaus zu beobachten, wir schauen also auf den Sekundenzeiger – das aber leider zu oft wie das sprichwörtliche Kaninchen auf die Schlange, nämlich ohne zu reagieren. Was die Sache nicht besser macht: Diese Veränderungen passieren nicht zufällig, sondern weil wir da sind und so handeln, wie wir es tun.

Erdgeschichtlich sind wir vielleicht nur eine »ökologische Störung«, auf die Ökosysteme und Biodiversität reagieren werden. Der viel zitierte Satz, dass sich die Erde auch ohne uns Menschen weiterdrehen wird, stimmt. Aber das ändert doch nichts an der Tatsache, dass wir Menschen in die Zukunft denken können und die Vorstellung nicht angenehm finden dürften, Zeuge unseres eigenen, in erdgeschichtlichen Dimensionen blitzschnellen Niedergangs zu sein – zumal, wenn wir hierfür in starkem Maße selbst verantwortlich sind.

Wir haben das Wissen um unseren Platz im System Erde zu lange ignoriert, aber zum Glück sind wir intelligent genug, aus Fehlern zu lernen, und hoffentlich schlau genug, unser Verhalten an unsere Erkenntnis anzupassen. Was dieses Umdenken bedeuten würde, wird vielleicht klarer, wenn wir der recht allgemeinen Erkenntnis, dass Biodiversität viel für uns bedeutet, ein etwas konkreteres Gesicht geben und im nächsten Teil betrachten, was sie nun tatsächlich mit unserem täglichen Leben zu tun hat.

Teil II

Unser Leben im World Wide Web of Life

Der Mensch steht immer gerne im Mittelpunkt – vielleicht nicht als Individuum, aber als Art auf unserem Planeten auf jeden Fall. »Platz da, jetzt komm ich« ist aber nicht gerade die beste Überlebensstrategie, denn wir sind auf das natürliche Netzwerk, das die Erde umspannt, angewiesen.
Ein Blick auf unsere verschiedenen Lebensbereiche offenbart diese versteckten Zusammenhänge.

KAPITEL 3

Es ist angerichtet – Biodiversität und Essen

Egal ob Picasso, Ronaldo oder Frau Maier von nebenan: Die Bausteine jedes menschlichen Lebens sind **Proteine**, also Eiweiße. Antikörper, Enzyme, Muskeln, Knochen – das alles besteht (auch) aus Proteinen, die wir mit der Nahrung aufnehmen, aufspalten, bis sie als einzelne Aminosäuren vorliegen, und zu körpereigenen Proteinen neu zusammenbauen. Die Proteine im menschlichen Körper bestehen aus 21 Aminosäuren, von denen wir acht nicht selbst herstellen können. Diese acht »essenziellen« Aminosäuren müssen wir immer wieder mit der Nahrung zu uns nehmen, direkt als Aminosäuren oder als Proteine, die andere Lebewesen aufgebaut haben.

Anders als Tiere können Pflanzen mithilfe der Photosynthese aus Licht, Wasser und Kohlenstoff **Zucker** (= Kohlenhydrate) herstellen, die dann wieder anderen Lebewesen als Nahrung beziehungsweise Bausteine und Energieträger zur Verfügung stehen. Pflanzen sind damit in der Lage, aus einfachen chemischen Verbindungen komplexe Biomasse aufzubauen, CO_2 zu binden und Sauerstoff freizusetzen.

Diesen Prozess können wir derzeit technisch nicht nachbilden. Egal, wie wir uns ernähren, Spinat, Steak oder Tütensuppe, wir sind auf diese Leistung aus der Natur angewiesen. Wir leben von dem, was uns die Natur bietet. Zwar können wir es neu kombinieren, kochen, haltbar machen, in die ausgefallensten Formen bringen – aber letztlich sind Nahrungsmittel immer ein Produkt der Natur, nicht des Menschen. Und wie gehen wir mit diesem Geschenk um?

Viel von wenig – der Preis der Effizienz

Natürlich haben sich unsere Ernährung und die Beschaffung von Lebensmitteln im Laufe der letzten 10 000 Jahre grundlegend verändert. Etwa zu diesem Zeitpunkt wurde der Mensch vom Jäger und Sammler zum Ackerbauern und Viehzüchter. Vorher bedienten Menschen sich nur direkt aus der Natur. Um dabei nicht zu verhungern, mussten sie sehr flexibel sein – etwa indem sie wandernden Herden folgten oder sich auf Jahreszeiten und Wetter einstellten. Damit die Nahrungsbeschaffung von Erfolg gekrönt war, mussten Jäger und Sammler über ein profundes Wissen ihrer wilden potenziellen Nahrung verfügen: Wo gibt es wann besonders viele Nüsse? In welche Richtung wandert eine Herde Bisons?

Ackerbau und Viehzucht haben im Vergleich zum Jagen und Sammeln einige Vorteile, weil man Nutztiere und -pflanzen durch Pflegemaßnahmen wie Beschützen, Füttern, Zuchtauswahl, Jäten oder Düngen schneller und besser wachsen lassen kann. Man muss dafür aber an einem Ort bleiben, also sesshaft werden. Diese

Sesshaftigkeit birgt wiederum Nachteile, weil Böden durch andauernde Bewirtschaftung ausgelaugt werden und man lokalen Ereignissen wie Dürren, Unwettern oder Naturkatastrophen, die Ernte und Tierbestände gefährden können, nicht ausweichen kann. Trotzdem hat sich dieser Lebensstil durchgesetzt. Heute leben nur noch etwa 0,001 Prozent der Menschheit allein vom Jagen und Sammeln.

Intensive Getreidewirtschaft: Hier herrscht Monotonie.

Extensive Getreidewirtschaft lässt Raum für Vielfalt.

Ergebnis der Entwicklung, die mit dem Übergang zur Landwirtschaft und der daran anschließenden Bemühung um steigende Effizienz verbunden war, sind die Konzentration auf sehr wenige Arten und die Abnahme der genetischen Vielfalt innerhalb dieser genutzten Arten. Unsere Vorfahren haben einfach immer weiter angebaut und gezüchtet, was von Anfang an gut funktioniert hat. »Never change a winning team!« Von den schätzungsweise 382 000 Pflanzenarten auf der Welt sind vermutlich 200 000 Arten essbar. Lediglich 7000 von ihnen sind aber je kultiviert worden, davon nur 150 Arten in größerem Umfang. Dabei hätte die Natur noch sehr viel mehr in petto, darunter vielleicht Pflanzen, die leckerer, gesünder, nahrhafter sind als die, die wir in großem Maßstab produzieren und in jedem Supermarkt kaufen können. Wir dürfen ja nicht vergessen, dass die Auswahl unserer Nutzpflanzen keiner fundierten Analyse, sondern vielmehr dem Zufall geschuldet war.

Heute gehören 66 Prozent der landwirtschaftlich produzierten Nahrungspflanzen zu nur neun Arten (Zuckerrohr, Mais, Reis, Weizen, Kartoffel, Sojabohne, Ölpalmfrüchte, Zuckerrübe und Maniok), wobei 60 Prozent unserer Nahrung aus Mais, Weizen und Reis produziert wird. Auch in unserer Tierhaltung geht es nicht vielfältiger zu. Nur etwa 40 Nutztierarten werden weltweit gehalten, wobei gerade mal eine Handvoll (Schweine, Rinder / Kühe, Schafe, Ziegen und Hühner) für den Großteil der Produktion von Fleisch, Milch und Eiern sorgt.

Und von diesen wenigen Arten an Pflanzen und Tieren nutzen wir wiederum nur einen winzigen Ausschnitt ihrer genetischen Vielfalt – mit fallender Tendenz. So werden von den bis 1949 in China angebauten 10 000 Weizensorten heute nur noch rund 1000 verwendet und in den USA nur noch 5 Prozent der noch im Jahr 1900 genutzten Apfelsorten. Insgesamt gingen weltweit in nur einem Jahrhundert (zwischen 1900 und 2000) etwa 75 Prozent der Nahrungsmittelvielfalt verloren. Das könnte katastrophal enden, wenn man bedenkt, dass Krankheiten auftreten könnten, die das Potenzial haben, gerade diese wenigen Arten mit ihren wenigen Sorten und Rassen zu dezimieren oder gar auszumerzen. Aus der Luft gegriffen ist ein solches Szenario nicht: So starben zwischen 1845 und 1849 etwa 12 Prozent der Menschen in Irland an Unterernährung, weil ein Pilz genau die eine Kartoffelsorte befiel, von deren Ernährung die Menschen dort massiv abhängig waren. Auch wenn wir heute schneller und effektiver auf solche Krankheitsausbrüche reagieren könnten, wäre der Ausbruch einer Reis- oder Weizenkrankheit immer noch eine Katastrophe globalen Ausmaßes.

Es gibt zwei denkbare Möglichkeiten, wie wir mit diesem Risiko umgehen können. Die erste: Wir bewahren möglichst viele Samen von wilden Pflanzenarten und aus ihnen gezüchteten Nutzpflanzensorten als »lebende Datenbanken« auf. Dann könnte man bei Bedarf auf diese Arten- und genetische Vielfalt zurückgreifen.

Genau diesen Ansatz verfolgt die norwegische Regierung mit dem »Saatgut-Tresor«, in dem auf Spitzbergen fast 900 000 Samen von 5000 Nutzpflanzen gelagert werden. Es handelt sich um eine der größten der weltweit etwa 1400 Saatgutbanken. »Schön sicher«, dachte man bei der Eröffnung im Jahre 2008, wurde die Anlage doch im Permafrostboden errichtet, um im Innenraum auch bei Ausfall des Kühlsystems einen Temperaturanstieg auf mehr als minus drei Grad zu verhindern. Das Ganze sollte ewig währen, aber schon im Jahr 2017 taute der Permafrostboden aufgrund des Klimawandels zeitweise

Eingang des Saatgut-Tresors *Svalbard Global Seed Vault* auf Spitzbergen

auf. Das eindringende Wasser überschwemmte zwar nur die Gänge, musste aber aufwendig entfernt werden, zusätzliche Schutzwände und Entwässerungsschächte wurden nötig. Von da an hieß es: 24 Stunden Überwachung statt ewiges Eis.

Alles Banane

Eine besonders geringe genetische Vielfalt finden wir bei unseren Zuchtbananen, denn die sind in der Regel Klone nur eines einzigen Individuums, also genetisch alle gleich. Vermehrt werden diese Bananen nämlich durch Stecklinge, nicht durch Samen, die das genetische Material von zwei Eltern enthalten würden.

Ab Ende des 19. Jahrhunderts bis in die 1950er-Jahre wurde weltweit vor allem der Klon »Gros Michel« angebaut – bis der von einer Pilzkrankheit in großem Stil dahingerafft wurde. Aller Gegenwehr zum Trotz gewann damals der Pilz. Die Bananenindustrie musste sich einem neuen Klon zuwenden: der »Cavendish«-Banane, die aber jetzt weltweit von einer neuen Variante des Pilzes bedroht wird. Um eine globale »Bananenkrise« abzuwenden, sind Wissenschaftler nun mit Hochdruck im ursprünglichen Lebensraum der Bananen, den Regenwäldern Asiens, auf der Suche nach Wildbananen, die gegen die Pilzerkrankung resistent sein könnten. Wenn das klappt, rettet uns die Biodiversität (noch) intakter Regenwälder den Hals – oder zumindest der Deutschen liebstes Obst.

Und damit nicht genug: 29 Prozent der Urformen unserer Nutzpflanzen finden sich in keiner Genbank der Welt. Weitere 24 Prozent sind dort zwar vertreten, aber jeweils mit weniger als 10 Exemplaren. Insgesamt sind nur etwa 5 Prozent der wilden Vorfahren unserer Nahrungspflanzen wirklich ausreichend gesammelt und bewahrt.

Dieses Wissen um die Probleme einer Samendatenbank macht die zweite Antwort auf die Gefahr des landwirtschaftlichen Biodiversitätsverlustes attraktiver, die da heißt: Wir erhalten die wilden Verwandten unserer Nahrungsmittel als natürliche Back-up-Lösung in großer genetischer Vielfalt und Artenvielfalt – und das nicht in einem Tresor, sondern in ihren natürlichen Lebensräumen. Das wäre eine wirklich schlaue Versicherung für uns und zukünftige Generationen.

Kein Baum, kein Strauch – Monotonie auf unseren Äckern

Auf der Suche nach immer mehr Effizienz baut der Mensch seine Nutzpflanzen inzwischen meist in Monokulturen an. Das ist bei manchen Pflanzen, etwa Getreide, bis zu einem gewissen Grad auch irgendwie eine naheliegende Idee, kann man so doch die Bewirtschaftung auf großen Flächen mit großen Maschinen bewerkstelligen. Auf der anderen Seite sind solche »Meere der Eintönigkeit« aber auch ein Paradies für spezialisierte Schädlinge, weil sie ihre Nahrung dort im Überfluss finden und zudem kaum Konkurrenz durch Generalisten fürchten müssen, die zwar überall zurechtkommen, einem Spezialisten in so einem Superhabitat aber unterlegen sind.

Auch Räuber können in einer Monokultur wenig gegen einen Schädling ausrichten. Das klingt zunächst merkwürdig, bietet der in Massen vorhandene Schädling doch einen reich gedeckten Tisch. Der Grund dafür liegt aber darin, dass Schädlinge nur zu einer bestimmten Jahreszeit in großen Mengen und dann explosionsartig auftreten. Später bricht ihre Population zusammen, um sich in der nächsten Vegetationsphase wieder zu erholen. Ein natürlicher Räuber braucht aber immer Nahrung und daher eine höhere Diversität von Beutetieren. Dem Problem solcher Schädlingsausbrüche versucht die industrielle Landwirtschaft mit dem flächendeckenden Einsatz von Pestiziden beizukommen. Die Chemo-Attacken raffen aber häufig genauso die Räuber und Antagonisten der Schädlinge dahin. Viel Spritzen kann daher sogar zu mehr Schädlingen führen.

Besonders wenn wir auf mehrjährige Kulturpflanzen schauen, die nicht jedes Jahr neu ausgesät werden (Bäume, Sträucher etc.), sind andere Anbauformen deutlich sinnvoller. Gemeint sind sogenannte gemischte Agroforstsysteme, die vor allem in den Tropen, aber auch hierzulande, zum Beispiel im Obstanbau, zum Einsatz kommen können.

Als Agroforstsysteme bezeichnet man eine landwirtschaftliche Praxis, bei der einheimische Bäume mit landwirtschaftlichen Kulturen und/oder Tierhaltung kombiniert werden. Besonders in den Tropen ist diese Form der Landwirtschaft sehr erfolgreich (mehr dazu in Kapitel 11).

Back to the Roots – auf den Boden kommt es an

Egal, was wir anbauen, egal, wo wir anbauen: Damit Pflanzen wachsen können, benötigen sie fruchtbare Böden. So wie wir tierische oder pflanzliche Produkte essen müssen, um unsere Nährstoffspeicher aufzufüllen, brauchen Pflanzen neben Licht, Wasser und CO_2 auch Nährstoffe aus dem Boden. Dabei ist vielen Menschen gar nicht bewusst, dass fruchtbare Böden a) erst von Organismen zu solchen gemacht werden und b) eine schwindende Ressource sind. Weil Jahrhunderte, Jahrtausende und manchmal sogar Jahrmillionen vergehen, bis durch die Verwitterung von Gestein und den Umbau von totem organischen Material ein fruchtbares Substrat entsteht, gilt »Boden« als eine nicht erneuerbare Ressource. Die Bereitstellung fruchtbarer Böden ist damit die wertvollste aller Ökosystemleistungen – und dazu eine, die Menschen nicht ersetzen können!

Boden ist charakterisiert durch bestimmte Eigenschaften: physikalische (kann durch Struktur Wasser speichern), chemische (enthält bestimmte Nährstoffe und Mineralien) und biologische (enthält Wurzeln und lebende Organismen wie Bakterien oder Pilze). Diese Eigenschaften sind essenziell für die Erzeugung landwirtschaftlicher Produkte, aber auch Basis – im wörtlichen Sinne – für natürliche Ökosysteme.

In einer Hand voll Humus (das ist der oberste Bodenbereich mit zersetztem organischen Material wie Blättern oder Nadeln) leben mehr Organismen als Menschen auf der Erde – und sie alle arbeiten (auch) für uns, weil sie Nährstoffe für Pflanzen erst verfügbar machen

Unter einem Hektar Fläche leben 15 Tonnen Bodenlebewesen. Das entspricht dem Gewicht von 20 Kühen oder 1,5 Kilogramm pro Quadratmeter.

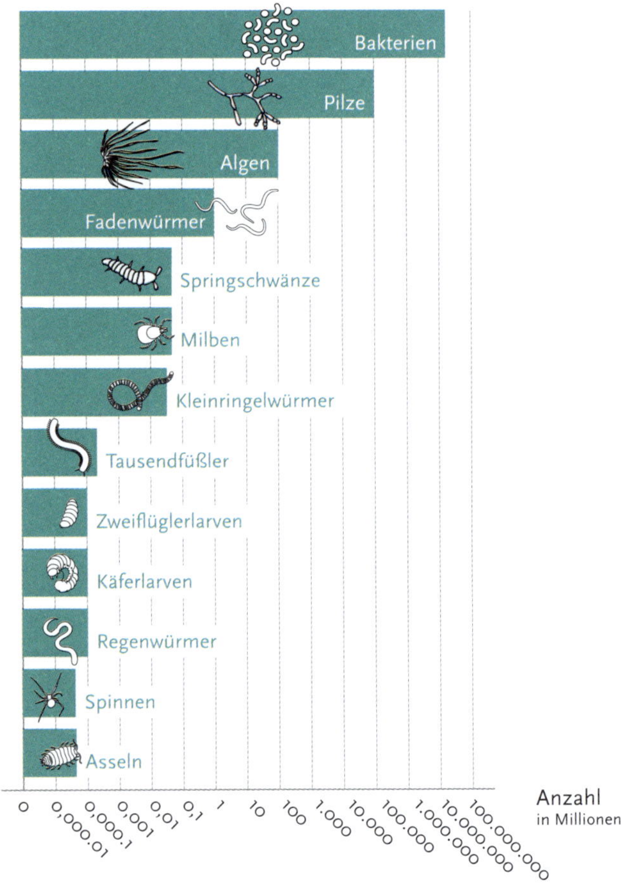

Bewohner eines Kubikmeters fruchtbaren Bodens

und so die Basis für unsere Lebensmittelproduktion liefern.

Werden Fauna, Chemie oder Struktur von Böden zerstört, spricht man von »Degradierung«. In der industriellen Landwirtschaft geschehen die chemischen Veränderungen durch den massiven Einsatz von Pestiziden und Kunstdüngern, während strukturelle Veränderungen etwa der Bewirtschaftung mit sehr großen und schweren Maschinen geschuldet sind. In der Folge werden Böden verdichtet, trocknen aus, die Humusbildung unterbleibt, sie erodieren und emittieren CO_2 (mit 1 500 Mrd. Tonnen ist im Boden dreimal so viel Kohlenstoff gespeichert wie in allen Lebewesen der Erde zusammen). Solche Flächen sind dann kaum oder gar nicht mehr für die herkömmliche Produktion von Lebensmitteln geeignet. Nach Meinung von Experten gilt dieser alarmierende Zustand schon heute für 75 Prozent der Landfläche der Erde. Die Erosion landwirtschaftlicher Flächen verläuft nach Meinung dieser Fachleute heute bei intensiver Bodenbearbeitung bis zu 100-mal schneller als die natürliche Bodenbildung.

Um diese Entwicklung aufzuhalten oder gar umzukehren, sollten wir Lebensmittel in Agroforstsystemen und anderen reich strukturierten Habitaten produzieren und dabei auf alles verzichten, was die Ökosysteme der Böden schädigt. Geht nicht? Geht doch! Oder noch besser gesagt: »Anders geht's gar nicht mehr!« Wir müssen immer mehr Menschen ernähren und können es uns schlicht nicht mehr leisten, fruchtbares Land zu verlieren, weil es keine Gebiete mehr gibt, die wir der Landwirtschaftsfläche noch zuschlagen könnten, ohne Siedlungs- oder Naturflächen zu zerstören.

Wenn man gleichzeitig sieht, dass biodiversitätsfreundliche, bodenschonende Anbauweisen in den Tropen dauerhaft Einkommen diversifizieren und steigern und weltweit ungefähr ein Drittel der produzierten Lebensmittel nie auf einem Teller landen (wir also eigentlich ohnehin mit weniger Produktionsfläche auskommen könnten), spätestens dann sollten wir begreifen, dass die Ernährung der Menschheit im Einklang mit der Natur allemal besser funktioniert als durch den Kampf gegen sie.

Flugbereitschaft – Bestäubung

Nicht nur im Boden, auch »weiter oben« ist ein Heer von Organismen uns stets zu Diensten. Tag und Nacht, weltweit und kostenlos. Die Rede ist von den natürlichen Bestäubern.

Bestäubung bezeichnet den Transfer von Pollen des männlichen Teils einer Blüte zu den weiblichen Geschlechtsorganen, sodass es zu einer Befruchtung und damit Fruchtbildung kommen kann. Dabei sind Pflanzen äußerst »erfinderisch«.

Mehr als ein Drittel der Welternährung hängt von natürlicher Bestäubung ab.

Apropos ...

... was hat die Mücke denn nun je für uns getan? Auch wenn viele Mückenarten uns mit ihrer Lust auf Blut ordentlich nerven – in den Tropen oft noch gepaart mit der Gefahr der Übertragung lebensgefährlicher Krankheiten –, spielen sie eine wichtige Rolle im World Wide Web of Life. Tausende von Mückenarten und Abermillionen von Individuen sind wichtige Nahrung für Vögel, Fledermäuse, Fische, Reptilien und Amphibien. Ohne Mücken hätten die es schwer. Manchmal sogar so schwer, dass einzelne Arten ausstürben. Aber nicht nur als Nahrung für andere Tiere erfüllen Mücken wichtige ökologische Aufgaben. Sie sind auch Bestäuber vieler Nutzpflanzen. Weil jede Blüte anders aussieht, brauchen Blüten ein möglichst vielfältiges Set verschiedener Bestäuber – Bienen alleine reichen da nicht.

Höchstens drei Millimeter groß, passt die Bartmücke in die kompliziert gebaute Blüte der Kakaopflanze.

Beispiel gefällig? Bartmücken sind Bestäuber von Kakao – und zwar nur Bartmücken, weil Kakaoblüten so klein und kompliziert gebaut sind, dass da sonst keine(r) reinkommt! Ohne Mücke also keine Schokolade ... das reicht als Argument, oder?

Pflanzen mit Selbstbestäubung verzichten gänzlich auf einen Artgenossen. Bei den sogenannten Fremd-

Wo passende Bestäuber fehlen: Vanillebestäubung von Hand

bestäubern, die einen Artgenossen brauchen, übernehmen den Transport des Pollens von einem Individuum auf ein anderes Wind, Wasser oder Tiere. Während die meisten Gräser und deren Nachfahren, unsere Getreidesorten, durch Wind bestäubt werden, sind 80 Prozent aller Blütenpflanzen und damit fast alle Obst- und Gemüsesorten auf die Bestäubung durch Tiere angewiesen. Etwa 35 Prozent der Welternährung basiert auf deren Bestäubungsleistung.

Auch wenn für die meisten Menschen die Honigbiene das Paradebeispiel für einen natürlichen Bestäuber ist, kann sie nur etwa 15 Prozent der geschätzten 250 000 Arten von Blütenpflanzen bei der Fortpflanzung unterstützen. So sind Honigbienen etwa viel zu groß, um die winzigen Blüten des Kakaobaums zu bestäuben. Man schätzt, dass mindestens 100 000, vielleicht sogar 200 000 Tierarten Pflanzen bei ihrer Fortpflanzung essenziell unterstützen. Insekten spielen neben anderen Wirbellosen dabei die wichtigste Rolle. Aber auch 1 500 Wirbeltierarten, darunter Vögel, Affen, Fledermäuse, Nage- und Beuteltiere, leisten ihren wichtigen Beitrag, indem sie als Bestäuber fungieren. Damit das klappt, brauchen sie gute Lebensbedingungen, und die finden sie am ehesten (manchmal sogar ausschließlich) in naturnahen Gebieten. So profitiert etwa die Produktion von Kaffee erheblich von der Nähe intakter Regenwälder, in denen sich geeignete Bestäuber wohlfühlen.

Während Kaffee und Schokolade noch als Luxusgüter durchgehen, ohne die wir im Zweifelsfall mehr schlecht als recht leben könnten, würde der Ausfall der Bestäuber von Obst, Gemüse, Ölfrüchten oder Nüssen uns ganz dramatisch treffen. Selber machen ist in diesen Fällen keine wirkliche Alternative. Menschen können zwar einige Pflanzen mit der Hand und einem Pinsel bestäuben, aber nicht in dem Maße, wie natürliche Bestäuber das tun – und kostenlos schon gar nicht. So ist Vanille aktuell vor allem deshalb so teuer, weil die Orchideen, aus deren fermentierten Schoten Vanille gewonnen wird, meist von Hand bestäubt werden müssen. Notwendig ist das nur, weil sie heute vornehmlich in Madagaskar angebaut werden, weit entfernt von ihrer ursprünglichen Heimat Mexiko und damit unerreichbar für ihre sehr speziellen Bestäuber. Das Ergebnis: Ein Kilogramm Vanille kostet mehr als ein Kilogramm Silber!

Kochshow oder Wild Food – wie werden wir alle satt?

Nicht überall ernähren sich Menschen ausschließlich mit Nahrungsmitteln aus agrarwirtschaftlicher Produktion. Oft sind sie zusätzlich auf das angewiesen, was ihnen die Natur zur Verfügung stellt. In manchen Gebieten, vor allem in West- und Zentralafrika und Teilen Asiens, in denen Wildfleisch einen wichtigen Beitrag zur Ernährung liefert, nimmt die Anzahl von Säugetieren und Vögeln durch Bejagung so dramatisch ab, dass es Wälder gibt, die, obwohl äußerlich völlig intakt, im Grunde »Tier-leer« sind.

Und weil in diesen »empty forests« mit den Tieren auch wichtige Bestäuber und Samenausbreiter fehlen, verändert sich die Struktur dieser Wälder. Sie verjüngen sich nicht mehr, produzieren weniger Früchte, werden anfälliger für Naturkatastrophen oder Effekte des Klimawandels. Werden natürliche Ökosysteme erhalten oder wird zumindest Landwirtschaft so betrieben, dass wild lebende Organismen vorkommen können, kann »Wild Food« genutzt werden und einen wichtigen, ergänzenden Beitrag zur Ernährung leisten.

Für uns mögen Mopane-Würmer (die Raupen eines Nachtfalters) oder Heuschrecken noch exotische Lebensmittel darstellen, aber sie erfüllen die Nachhaltigkeitsprämisse »regional und saisonal« auf den Speisekarten ihrer Verbreitungsgebiete vollumfänglich. Etwa 1900 Arten von Insekten sind als Proteinlieferant regelmäßiger Bestandteil der Ernährung von etwa zwei Milliarden Menschen – und möglicherweise ein Steinchen im Mosaik bei der Beantwortung der Frage, wie wir eine vielleicht bald auf neun Milliarden Menschen wachsende Weltbevölkerung nachhaltig ernähren können. Insekten können die Basis einer gesunden und ausgewogenen Ernährung sein, bei der auf kleiner Fläche viel Biomasse bei einem geringen Nährstoffeintrag produziert wird (für ein Kilo Rindfleisch muss viermal mehr Futter verfüttert werden als für ein Kilo Insektenfleisch, der Flächenverbrauch ist 12,5-mal so hoch)[1] – und das alles, nachdem sie als Bestäuber und »Bodenaufbereiter« wertvolle Dienste geleistet haben.

Wir werden aber nicht nur mehr, sondern auch reicher. Und eine aufstrebende Mittelschicht in Asien, Afrika und Lateinamerika hat mit ihren neuen Essgewohnheiten zusätzliche Effekte auf die Biodiversität. Der prognostizierte Anstieg der Weltbevölkerung um weitere 35 Prozent bis 2050 bedeutet, dass wir die Produktion von Nahrungsmitteln um unglaubliche 100 Prozent steigern müssen, weil steigender Wohlstand mehr Lust auf Fleisch- und Milchprodukte bedeutet. Schon heute werden nur 55 Prozent der produzierten pflanzlichen Kalorien direkt von Menschen gegessen; der Rest wird zu Tierfutter (36 Prozent) oder Biosprit (9 Prozent). Aus 100 Kalorien einer Pflanze werden nur 40 Kalorien in Milch, 22 in einem Hühnerei, 12 in einem Huhn, 10 in einem Schwein und nur 3 in Rindfleisch.[2] Das heißt, dass eine veränderte Ernährungspräferenz, weg von tierischen Produkten hin zu mehr pflanzlicher Ernährung oder eben wenigstens hin zu einem höheren Insektenanteil beim Essen, mehr Menschen ernähren könnte, weniger Fläche beanspruchen würde und so einen direkten Beitrag zum Schutz von Biodiversität leistete.

Neben immer mehr Lust auf Fleisch und Milch in Schwellenländern verändern sich auch bei uns die Essgewohnheiten. Heute gibt es an jeder Ecke Sushi, Avocados und Quinoa. Auch das hat Auswirkungen auf die Biodiversität weit weg von uns. Hier nur ein paar Aspekte: Der Anbau von Avocados verbraucht viel Wasser, ein Problem besonders in trockenen Gebieten, wo der natürlichen Flora und Fauna das überlebensnotwendige Wasser dann fehlt. Weil in jedem Großstadtmüsli heute Quinoa nicht fehlen darf, steigt der Flächenverbrauch für dessen Anbau. Not-so-fun-fact am Rande: Gleichzeitig steigt der Preis in den Herkunftsländern Bolivien und Peru so dramatisch, dass Einheimische sich Quinoa gar nicht mehr leisten können. Und weil in jedem noch so kleinen Bahnhofsimbiss Sushi angeboten wird, werden ohnehin bedrohte Thunfischbestände weiter überfischt und lange, energieintensive Kühlketten in weit entfernte Regionen nötig.

Macht's gut und danke für den (vielen) Fisch

Besonders bemerkbar macht sich unser Appetit auf immer mehr in den Weltmeeren. Die »Bereitstellung« von Fischen ist eine reine Versorgungsleistung der Natur. Hier gilt leider: Alle ernten, keiner sät. Selbst in Aquakulturen, in denen Menschen den Fischbedarf durch eigene Zucht zu decken versuchen, werden die Bestände mit Wildfischen gefüttert. Auch diese Systeme hängen also direkt von der Meeresfischerei ab.

Weil die Fischbestände auf hoher See niemandem gehören und unbegrenzt befischt werden dürfen, passiert genau ebendas. Es wird gefischt, was das Zeug hält. Das Ergebnis dieser »Tragödie der Almende«: Weltweit gelten 33 Prozent der kommerziell genutzten Fischbestände als überfischt und weitere 60 Prozent als maximal befischt. Nur 7 Prozent der weltweiten Fischbestände können noch genug Nachwuchs erzeugen, um trotz Befischung ihren Bestand zu erhalten. Besonders begehrt sind große Fischarten, die daher durch die Fischerei stark dezimiert werden. Wenn sich ihr Fang dann nicht mehr lohnt, verschiebt sich der Fokus auf kleinere Arten. Dieses »fishing down the food web« hat dramatische Auswirkungen auf marine Ökosysteme, weil sie Nahrungsnetze (zer-)stören.

Einfach leer gefischt ...

Ein besonders dramatisches Beispiel für die rücksichtslose Überfischung liefert die Geschichte des Nordwestatlantischen Kabeljaus *(Gadus morhua)*. Vor den Küsten Neufundlands wurden seit dem 16. Jahrhundert Kabeljau gefangen. Bis Ende der 1950er-Jahre stieg die Fangmenge auf etwa 300 000 Tonnen. In den 1960er-Jahren erlaubten technische Entwicklungen in der Fischerei, die Ausbeute massiv zu steigern – auf bis zu 800 000 Tonnen im Jahr 1968. Obwohl Wissenschaftler warnten, dass diese Entnahme nicht nachhaltig sei, wurde die Kabeljaufischerei mit der gleichen Intensität weiterbetrieben, aus Furcht, die Fischereiindustrie könnte unter niedrigeren Fangquoten leiden. In der Folge brach der Bestand im Nordatlantik in den 1990er-Jahren komplett zusammen. Rund 40 000 Fischer verloren ihren Job. Obwohl erst im Jahr 2006 wieder Kabeljau gefischt werden durfte, hatten die Bestände sich nicht erholt – und werden das möglicherweise auch nie mehr tun. Die Erklärung dafür liefert die Biologie der Fische: Ausgewachsene Kabeljaue waren als Topprädatoren in der Lage, in großen Mengen kleinere Raubfische wie Hering oder Lodde im Zaum zu halten. Mit dem fast völligen Verschwinden des Kabeljaus nahmen diese Arten in Relation zu und verhindern nun, dass kleine Kabeljaue, die wiederum Beute von Hering und Lodde sind, erwachsen werden können.

Eine andere Strategie, um den schwindenden Fischbeständen hinterherzufischen, ist das Vordringen in bisher entlegene Gebiete wie die Arktis, Antarktis oder die Tiefsee. Gerade in der Tiefsee, den Meeresbereichen, die 800 Meter oder tiefer liegen, hat industrielle Fischerei massive Auswirkungen auf Biodiversität. Aufgrund der relativ lebensfeindlichen Bedingungen (kein Licht, niedrige Temperatur, hoher Druck) sind alle Fischarten dort natürlicherweise sehr selten, langlebig und vermehren sich nur langsam. Entsprechend schwer erholen sich diese oft einzigartigen Ökosysteme von entsprechenden Eingriffen.

Es ist aber nicht nur diese Überfischung von »Zielarten«, die die ungebremste Fischerei zum Biodiversitätsproblem macht. Dramatisch ist auch der ungewollte Beifang anderer Arten. Beifangopfer werden jährlich geschätzte 100 Millionen Haie und Rochen, 300 000 Wale und Delfine, 250 000 Meeresschildkröten und 100 000 Albatrosse.[3]

Weil in der Regel nicht überprüft wird, was am Ende verkauft wird, bekommt der Konsument häufig noch nicht einmal den Fisch, den er oder sie bestellt oder gekauft hat. Einer Studie zufolge waren 74 Prozent der Fische in Sushi-Restaurants, 38 Prozent in anderen Restaurants und 18 Prozent in Lebensmittelgeschäften nicht diejenigen Arten, die angepriesen wurden.[4] Das wiederum kann für Biodiversität eine gute Nachricht sein: Besser, eine der häufigen Tilapien (ein Süßwasserfisch) landet auf dem Teller, als der auf der Speisekarte angebotene und seltene Kabeljau.

Was tun?

Auch wenn wir es alle schon so oft gehört haben: Was wir im Bereich unserer Ernährung tun können, um Biodiversität zu bewahren, ist vollkommen klar: Am besten kaufen wir regional, saisonal und weniger Fleisch und Milchprodukte. Wir kochen besser frisch, als Tiefkühlware zu horten, und wir werfen nichts weg, weil wir nur einkaufen, was wir auch essen können.

KAPITEL 4

Gute Besserung – Biodiversität und Gesundheit

Biodiversität hat sowohl positive als auch negative Effekte auf die Gesundheit von Menschen. Schließlich gibt es auch eine große Vielfalt von Krankheitserregern, die Menschen befallen und die wir natürlich lieber ausrotten würden. Niemand möchte Artenschutz für den Pesterreger!

Insgesamt wirkt sich Biodiversität auf unsere Gesundheit aber positiv aus und ist sogar die Basis dafür, dass wir überhaupt gesund leben können. Biodiversität ist *die* Grundlage funktionierender Ökosystemleistungen, die für uns Wasser und Luft reinigen, das Klima regulieren und uns vor Krankheiten schützen. Gesunde Menschen auf einem kranken Planeten? Das geht nicht! Der Schutz von Biodiversität ist daher ein wichtiger Beitrag zum Schutz des Wohlergehens aller Menschen und nicht allein Ausdruck eines romantischen Naturbildes.

Putzdienst – Wasser, Luft und Co.

Etwa 70 Prozent der Weltbevölkerung geht es wie uns: Sie können zu Hause einen Wasserhahn aufdrehen, und heraus kommt sauberes Trinkwasser. Laut Weltwasser-

Der Zugang zu sauberem Trinkwasser wurde 2010 zum Menschenrecht erklärt.

bericht der Vereinten Nationen von 2019 haben aber 2,1 Milliarden Menschen keinen Zugang zu sauberem und durchgängig verfügbarem Trinkwasser.[1] Sie bedienen sich für ihren täglichen Bedarf aus Flüssen, Bächen, Seen oder Tümpeln.

Theoretisch sollte das Trinken von Oberflächenwasser kein Problem sein. Immerhin ist das Vorkommen freien Wassers der Grund, warum es auf der Erde als einzigem bekannten Planeten überhaupt Leben gibt. Weil wir aber Umweltgifte produzieren, die wir häufig ungefiltert in die Natur entlassen, ist der »Quell des Lebens« vielerorts die größte Gesundheitsgefahr. Weil sie verunreinigtes Wasser getrunken haben, sterben jährlich etwa 500 000 Menschen an Durchfallkrankheiten.[2]

Dabei ist der Zugang zu sauberem Trinkwasser im Juli 2010 von der Generalversammlung der Vereinten Nationen als Menschenrecht verankert worden.

Wären artenreiche Wälder an den Ufern von Flüssen und Seen erhalten geblieben, könnten viele dieser Todesfälle wohl vermieden werden, weil natürliche Ökosysteme kostenlos und zuverlässig Wasser filterten. Auch in unseren heimischen Wäldern wird Schmelz- und Regenwasser im Laufe seiner Passage ins Grundwasser in der Regel so intensiv gereinigt, dass es direkt als Trinkwasser genutzt werden kann. Dabei ist aber Wald nicht gleich Wald: Während durch die stärkere Verdunstung und die ganzjährige »Belaubung« in Fichtenmonokulturen nur etwa ein Drittel des Niederschlags im Boden ankommt, fließt in einem naturnahen Buchenwald fast die Hälfte ins Grundwasser.

Wasserfilter Wald

Wenn es über einem Wald regnet, erreicht ein Teil des Regens den Boden. Der ist durch die Arbeit von Wurzeln und Tieren keine homogene Masse, sondern ähnelt eher einem Schwamm mit Poren und Gängen unterschiedlicher Größe. Wenn das Wasser durch diese Hohlräume fließt, werden mechanisch immer mehr der enthaltenen Partikel im Boden zurückgehalten, je kleiner die Durchlässe werden. Schon das macht Regenwasser reiner, aber es kommt auch zu chemischen Immobilisierungsprozessen, etwa zur Anlagerung von Schwermetallen an bestimmte Bodenpartikel. Zudem machen Mikroorganismen vor allem viele organische Schadstoffe unschädlich. Im Grundwasser kommt so sauberes Trinkwasser an. Der wichtigste Filter ist hierbei die Humusschicht des Waldes, die je nach Standort und Bestockung unterschiedlich mächtig ist und sich in ihren Filtereigenschaften unterscheidet. Generell gilt: Je mehr Mikroorganismen im Humus leben, desto intensiver ist seine Reinigungswirkung.

Der Wald ist der wichtigste Luftfilter.

Aber nicht nur die Reinigung von Trinkwasser und die Regulation von Wasserkreisläufen sind wichtige Ökosystemleistungen, auch für das Filtern unserer Atemluft können wir uns bei natürlichen Ökosystemen bedanken. Staub und Schmutzpartikel schlagen sich an Blättern, Nadeln und Rinde von Bäumen nieder. Von dort wäscht sie der Regen ab und spült sie in den Boden, wo sie gefiltert werden oder in der Kanalisation verschwinden. Der große Vorteil für uns ist, dass Staub- und Schmutzpartikel so nicht über die Atemluft in unsere Lungen gelangen. Während sich in Städten 100 000 bis 500 000 Staubteilchen in einem Kubikmeter Luft befinden, sind es in einem Wald in der gleichen Luftmenge nur etwa 500. Das hat keineswegs nur damit zu tun, dass im Wald weniger Staub anfällt. Im Vergleich zu einer gleich großen Rasenfläche ohne Bäume bindet eine baumbestandene Fläche als natürlicher Feinstaubfilter doppelt bis 10-mal mehr Schadstoffe. Insgesamt filtern unsere deutschen Wälder pro Hektar jährlich etwa 50 Tonnen Ruß und Staub aus der Atmosphäre. Zur Orientierung: Das entspricht in etwa der Menge von sieben LKW-Ladungen Ruß pro fußballfeldgroßer Waldfläche.

Wilde Apotheke

Wenn wir doch mal krank werden, hilft die Natur uns auch beim Gesundwerden. In vielen Fällen schlägt die »Wilde Apotheke« der Natur jeden Pharmariesen in ihrem Erfindungsreichtum – vom Preis-Leistungs-Verhältnis ganz zu schweigen. Haben Sie schon mal vom Orinoco-Limettenbaumfrosch *(Sphaenorhynchus lacteus)*, dem Rucksackfrosch *(Cryptobatrachus boulengeri)* oder dem echten Pfeiffrosch *(Leptodactylus fuscus)* gehört? Vermutlich nicht. Trotzdem könnten die drei in Ihrem zukünftigen Leben noch eine Rolle spielen, enthält ihre Haut doch Eiweiße, die zum Beispiel dem Gelbfieber-Erreger den Garaus machen können.[3]

Amphibien sind immer heiße Kandidaten, wenn es um die Entdeckung neuer pharmakologisch wirksamer Substanzen geht. Ihre dünne, feuchte und gut durchblutete Haut ist der perfekte Nährboden für Pilze, Bakterien und Viren. Trotzdem verschimmeln Amphibien auch im feuchtesten Regenwald nicht und setzen sich gegen die meisten Krankheitserreger sehr gut zur Wehr, ohne dass die Mikroorganismen Resistenzen entwickeln – und das ist die eigentlich tolle Nachricht für die Humanmedizin. Im Sekret der bislang untersuchten Froscharten wurden unter anderem Substanzen gefunden, die zytostatisch, schmerzlindernd, entzündungshemmend und antiviral (selbst gegen den AIDS-Erreger!) wirken.

Eine unbekannte Anzahl von Krankheitserregern schlummert in tropischen Wäldern (und sie bleiben dort auch, solange wir die Wälder in Ruhe lassen). Weil auch Coronaviren oder Ebola-Erreger, die wir letztlich aus den Wäldern zu uns geholt haben, dort nicht neu sind, können wir hoffen, dass Organismen in diesen Ökosystemen auch auf derart potenziell gefährliche Viren bereits eine Antwort gefunden haben. Da lohnt sich die Suche!

Wer zu spät kommt …

Zwei australische Froscharten, der südliche und der nördliche Magenbrüterfrosch, hatten eine erstaunliche Fortpflanzungsstrategie. Weibchen dieser beiden Froscharten verschluckten ihre befruchteten Eier und brüteten sie im Magen aus. Das funktionierte, weil die Eier durch die Sekretion eines Schwangerschaftshormons den Magen zu einer Brutkammer umfunktionierten und die Magensäurebildung unterbanden. Interessant wird das für die Humanmedizin, wenn es um die Behandlung von Magengeschwüren und anderen Magenerkrankungen geht. Könnten Ärzte die Sekretion von Magensäure medikamentös wie der Frosch an- und abstellen, würde die Behandlung solcher Krankheiten oder Magenoperationen einfacher möglich sein.

Klingt gut? Leider nein: Beide Froscharten gelten als ausgestorben – und haben ihr Geheimnis der Bekämpfung von Magengeschwüren mit ins Grab genommen.

Übrigens: Bislang ist nur ein Bruchteil der über 8100 bekannten Amphibienarten auf die Wirkung ihrer Hautsekrete oder andere »biologische Tricks« hin untersucht worden. Gleichzeitig sind Amphibien die Wirbeltiergruppe, die mit 41 Prozent bedrohter Arten am schlimmsten vom momentanen Verschwinden betroffen sind. Mit jeder ausgestorbenen Art geht uns auch ein potenzieller Lieferant wertvoller Heilmittel verloren. »Hallooooo! Die Apotheke brennt!«, möchte man da ausrufen.

Aber nicht nur Amphibien, auch andere Organismen leisten ihren Beitrag für unsere Medizinschränke – allen voran giftige Tiere. Sie kommen in allen Tiergruppen vor, von Quallen über Insekten, Spinnen und Schnecken bis hin zu Fischen, Amphibien, Reptilien, Säugetieren und sogar Vögeln. Sie alle erzeugen Substanzen, die andere Organismen schädigen können. Ob ein Schaden oder Nutzen entsteht, hängt dabei von der verabreichten Dosis ab. Besonders interessant ist, dass tierische Gifte sehr gezielt wirken, etwa auf nur einen bestimmten Typ von Ionenkanälen, die bei der Weiterleitung von Reizen und damit auch von Schmerzempfindung eine zentrale Rolle spielen. Diese hohe Spezifität bewirkt, dass Nebenwirkungen wie bei anderen Medikamenten nicht

Kegelschnecke

auftreten. Aus einem solchen Spezialgift des Zauberkegels (einer pazifischen Kegelschnecke) konnten Mediziner beispielsweise ein Gift extrahieren, dass, richtig dosiert, nun als das stärkste Schmerzmittel in der Humanmedizin gilt und Krebspatienten Linderung verschafft. Anders als das in solchen Fällen bislang eingesetzte Morphium, bei dem durch die Entstehung einer Toleranz die Dosis schon nach wenigen Gaben immer weiter erhöht werden muss, gibt es beim Gift der Kegelschnecke keine Gewöhnung. So bleibt die Wirksamkeit dauerhaft erhalten.

Auch Pflanzen liefern eine Vielzahl von Substanzen zur Bekämpfung von Krankheiten und Leiden. Wenn Schimpansen unter Wurmbefall leiden, schlucken sie unzerkaute, stachelige Blätter eines wilden Verwandten unserer Gänseblümchen aus der Gattung *Aspilia*. Innerhalb von 24 Stunden scheiden sie die Parasiten gemeinsam mit den unverdauten Blättern aus.[4] Ein anderer, bitter schmeckender Vertreter der Gänseblümchenfamilie namens *Vernonia amygdalina* wird von Schimpansen verzehrt, wenn sie von einzelligen Parasiten wie den Erregern der Malaria, Leishmaniose oder Bilharziose befallen sind. Weil also selbst Menschenaffen Medizinalpflanzen nutzen, kann man davon ausgehen, dass auch Urmenschen schon auf die Heilkraft der Natur setzten. Dass Inhaltsstoffe von Weiden gegen Kopfschmerzen wirken oder Fingerhut ein potentes Herzmedikament ist, ist auch bei uns schon lange bekannt.

Pflanzlich und unbedenklich?

Viele Menschen sind der Ansicht, dass allein die Angabe »rein pflanzlich« ein Medikament unbedenklich macht. Das stimmt aber keineswegs, denn gerade Pflanzen produzieren oft sehr gefährliche Gifte. Anders als viele Tiere, die ihre Gifte durch Zähne oder Stachel aktiv injizieren, sind Pflanzen normalerweise »passiv giftig« (eine Ausnahme sind z. B. Brennnesseln). Weil sie nicht fliehen können, setzen Pflanzen oft auf Gift, um Fressfeinde in die Flucht zu schlagen.

Blüten des Rizinusbaums

Dafür genügen manchmal schwache Gifte, die nur den Geschmack verderben. Es gibt aber auch hochtoxische Pflanzengifte wie das Rizin aus den Samen des Wunderbaums *(Ricinus communis)*, das zu einem der gefährlichsten Gifte gehört, die wir kennen. Für ein Kind kann schon ein halbes Samenkorn tödlich sein, für einen Erwachsenen genügen etwa acht. Isoliertes Rizin ist damit so gefährlich, dass es sogar im deutschen Kriegswaffenkontrollgesetz aufgeführt ist. Jedoch: Aus den Samen des Wunderbaums kann über Extraktion und Erhitzung Rizinusöl gewonnen werden. Weil Rizin ein Eiweiß und damit hitzeempfindlich ist, wird dieses Öl schon seit Jahrhunderten als komplett ungefährliches Abführmittel verwendet.

Etwa 80 Prozent der Weltbevölkerung setzen zumindest teilweise auf Medikamente aus der Natur.[5] Auch etwa ein Drittel der industriell hergestellten Medikamente, die wir in der Apotheke kaufen können, enthalten derartige Inhaltsstoffe. In der Regel werden diese Komponenten, einmal entdeckt und analysiert, im Labor nachgebaut.

Das pharmakologische Potenzial der Biodiversität ist gigantisch und ein wichtiges Argument für ihren Erhalt. Irgendwo da draußen in einem Regenwald, Korallenriff oder Trockenrasen gedeiht vielleicht schon jetzt die Lösung gegen Antibiotikaresistenzen, Diabetes, Krebs oder Herzkrankheiten. Wenn wir auf diese Lebensräume nicht aufpassen, sind Antworten weg, bevor wir unsere Fragen anständig formuliert haben.

Lebensraum Mensch – mein Leben mit den anderen

Unsere Vorfahren waren beliebte Beute – also Nahrung für andere. Inzwischen haben die meisten verstanden, dass sie besser Angst vor uns haben. Auf dem regelmäßigen Speiseplan von echten »Fressfeinden« stehen wir heute kaum noch. Nur Krokodile finden grundsätzlich, dass wir ein leckeres Essen sind, und machen aktiv Jagd auf uns.

Dennoch ernähren sich auch heute noch eine Vielzahl kleinerer Organismen von uns. Dabei unterscheidet man zwischen verschiedenen Formen: (a) den Symbionten, deren Stoffwechselprodukte wir nutzen, sodass das Leben in uns für beide Seiten Vorteile bringt (etwa unsere Darmbakterien), (b) den Kommensalen, das sind

Organismen, die auf oder in uns leben, uns aber nicht schädigen, etwa winzige Milben, die sich von Fett und Bakterien auf unserer Haut ernähren, und (c) den Parasiten, die auf oder in uns leben und uns Schaden zufügen, weil sie Zellen und Gewebe zerstören oder giftige Stoffwechselprodukte abgeben.

In Deutschland sind nur etwa 0,01 Prozent der Bevölkerung Wirte eines Parasiten, weltweit sind es aber mindestens drei Milliarden Menschen. 70 Arten von Einzellern, 300 Arten von Würmern und einige andere Tiere sind als Parasiten des Menschen bekannt. Darunter sind einzelne, die sich schlichtweg geirrt haben, als sie einen Menschen befielen, wie die kleinen, wurmförmigen Schmerlenwelse in Brasilien, die auf der Spur von Harnstoff manchmal nicht wie geplant in einem großen Fisch, sondern im Harnweg eines Menschen enden, einem »Fehlwirt«, in dem sie nicht lebensfähig sind und aus dem sie wieder ausgeschieden werden. Für andere immerhin 90 Arten sind wir aber regelmäßiger Lebensraum. Manche dieser Bewohner begleiten uns seit Jahrmillionen, andere haben wir erst später aufgeschnappt. Zu ihnen gehören Riesen, wie der Fischbandwurm, der in einem Menschen eine Länge von 20 Metern erreichen kann, aber auch eine Vielzahl von Einzellern, wie der Erreger der Malaria.

Weltweit sterben mindestens eine Million Menschen pro Jahr an Parasiten.[6] Auch wenn der Tod häufig nicht sofort eintritt, verkürzt eine starke oder regelmäßige Parasitierung vermutlich das Leben eines Menschen. Immerhin existiert hier ein »Fremdkörper« in uns, frisst einen Teil unserer Nahrung, nagt an unseren Organen oder belastet uns mit seinen Stoffwechselprodukten. Das alles lässt logisch erscheinen, dass unser Fokus auf der Ausrottung von Parasiten liegen sollte ... oder vielleicht doch nicht?

Weil insgesamt geschätzte 50 Prozent aller Organismen im Nebenberuf auch Parasiten sind, spielen sie eine wichtige Rolle in der Stabilisierung von Nahrungsketten. Ektoparasiten wie Zecken, die außen an ihrem Wirt leben, sind beispielsweise für viele Vögel eine wichtige Nahrungsquelle. Eine komplette Vernichtung von Parasiten würde also auch zahlreiche andere Arten in ihrem Bestand bedrohen und Ökosysteme destabilisieren – und das immer mit unbekannten Folgen.

Es gibt aber noch ein anderes wichtiges Argument, selbst solche Parasiten nicht auszurotten, die Menschen befallen und keine Nahrung für andere darstellen, denn diese Organismen trainieren unser Immunsystem. Bekommt das nicht immer wieder mal etwas zu tun, indem es sich mit diesen Quälgeistern auseinandersetzt, beginnt es sich zu langweilen und reagiert dann, wenn mal etwas passiert, übertrieben heftig. »Autoimmunreaktionen« nennt man das, was dann folgt. Übertriebene Reaktionen auf Störfaktoren, die eigentlich keinen Eingriff des Immunsystems bedürfen. Der Mensch wird zum Allergiker.

Ein wichtiges Immunorgan ist übrigens der Darm mit seinen etwa 100 Billionen Bakterien, die als gesunde Darmflora vor Autoimmunkrankheiten schützen oder,

Mensch, Mücke! Malaria?

Die Erreger der Malaria sind Einzeller der Gattung *Plasmodium*. Von den etwa 120 bekannten Plasmodien-Arten rufen nur fünf beim Menschen verschiedene Formen der Malaria hervor. Übertragen werden die Erreger von weiblichen Mücken der Gattung *Anopheles*, indem diese einen Menschen stechen und den Erreger über ihren Speichel abgeben. Nach Angaben der WHO gab es im Jahr 2018 etwa 228 Millionen Malariafälle, von denen 405 000 tödlich endeten. Mindestens zwei Malaria-Erreger können Ruhestadien bilden, die bis zu 50 Jahre in uns überdauern, ohne Symptome zu erzeugen. Auch nach dieser langen Zeit kann es zu einem neuen Ausbruch der Krankheit kommen. Der freigiebige Umgang mit Notfallmedikamenten als Prophylaxe für Touristen hat den Malariaerreger in den Mücken resistent gemacht.

Weil räuberische Insekten, die die *Anopheles*-Mücken in Zaum halten könnten, selten und dadurch weniger genetisch divers sind, sind sie auch empfindlicher gegenüber Insektiziden, was zur Folge hatte, dass so manche chemische Maßnahme zur Bekämpfung der *Anopheles*-Mücken eher ihre Feinde getötet hat als die Mücke selbst. Die Folge: noch mehr Mücken. Sinnvoller wäre es, ihre natürlichen Feinde zu fördern (beziehungsweise nicht abzutöten) und das gute alte Moskitonetz zu benutzen, denn weniger Mückenstiche bedeuten immer auch weniger Malariafälle. Eine so banale wie wichtige Erkenntnis, auch wenn es seit Kurzem einen ersten Impfstoff gegen diese gefährliche Krankheit gibt.

wenn diese gestört ist, Autoimmunprozesse fördern können. Die Zahl an Darmbakterien ist für sich genommen schon beeindruckend, besteht der Körper eines Menschen doch aus weniger als 40 Billionen Zellen – ein gesunder Mensch hat also mindestens doppelt so viele Bakterien im Darm wie Zellen im Körper! Aber nicht nur die hohe Bakterienzahl erstaunt, sondern auch ihre Artenvielfalt. Jeder von uns beherbergt mehr als 1000 verschiedene Mikroorganismenarten, wobei die genaue Zusammensetzung bei jedem Menschen individuell ist und sich im Verlauf seines Lebens ändert.

Unsere Darmflora versorgt uns mit Vitamin K und hält uns pathogene, also krank machende Bakterien ganz einfach dadurch vom Leib, dass für sie an der Darmwand einer intakten Flora schlichtweg kein Platz mehr frei ist. Nehmen wir Antibiotika bewusst oder über Fleisch, das aus Massentierhaltung stammt, ungewollt zu uns, sterben auch unsere nützlichen Darmbakterien ab und machen Platz für die gefährlichen. Auch falsche Ernährung stört das gesunde Gleichgewicht: Die »schlechten« werden gut versorgt, die »guten« erhalten nicht die richtigen Nährstoffe und sterben ab. Schmerzen, Blähungen oder Durchfall können die Folge sein. Immer mehr Hinweise gibt es auch dafür, dass die richtige Mischung von Mikroben im Körper Menschen vor Diabetes, Fettleibigkeit und sogar Angststörungen und Depressionen bewahrt. Ein Hoch also auf die Biodiversität – auch diejenige in uns!

Furcht erregend neu – Animal borne viruses

Einige für Menschen hochbedrohliche Krankheiten schlummern in als »Reservoir« bezeichneten Wildtierpopulationen (häufig in Fledertieren, aber auch in anderen Säugetieren oder Vögeln). Diese Tiere erkranken selbst nicht, beherbergen die Krankheitserreger aber dauerhaft. In einigen Fällen übertragen andere Tiere, sogenannte Vektoren (häufig Insekten oder Zecken), die Krankheit auf Menschen. Manchmal erfolgt die Übertragung der Krankheit aber auch direkt, wenn Menschen infizierte Wildtiere wie Flughunde, aber auch Schimpansen, Gorillas, andere Affen, Antilopen, Schuppentiere oder Stachelschweine schlachten und zubereiten.

Die Liste derartiger als Zoonosen bezeichneter Krankheiten ist lang und reicht von A wie Anthrax (Milzbrand), dessen bakterieller Erreger in Pflanzenfressern lebt, über E wie Ebola, der ursprünglich in afrikanischen Flughunden zu finden ist, bis Z wie Zika, ein Virus, der vermutlich aus Affen in Ostafrika stammt. Als Reservoire für die Coronaviren SARS und MERS wurden Zibetkatzen beziehungsweise Dromedare identifiziert.

Wildtiermarkt in Asien – mitverkauft werden hier auch unbekannte Krankheitserreger.

Auch das neue Coronavirus (n-Covid-19) hat seinen Ursprung wohl im Körper von Wildtieren – vermutlich sind Fledermäuse sein Reservoir. Seinen Weg in die Welt fand er (nach heutigem Wissen) wohl über den Wildtiermarkt im chinesischen Wuhan. Für Wissenschaftler war das übrigens wenig überraschend. In einer im März 2019 veröffentlichten Studie chinesischer Forscher heißt es wörtlich (Übersetzung durch uns): »Daher ist es hochwahrscheinlich, das zukünftige SARS- oder MERS-ähnliche Coronavirus-Ausbrüche von Fledermäusen ausgehen werden, und es gibt eine erhöhte Wahrscheinlichkeit, dass dies in China passieren wird.«[7]

Hilflose Ritter in Gefahr

Meistgehandelte Wildtiere: Schuppentiere

Als einzige Säugetiere haben die heute noch existierenden Schuppentiere (vier Arten in Asien und vier in Afrika) von Hornschuppen bedeckte Körper. Mit den Ameisenbären und Gürteltieren sind sie nicht verwandt, auch wenn sie sich mit diesen ihre Spezialisierung auf Ameisen und Termiten als Nahrung teilen und Gürteltieren auch äußerlich ähneln. Auch wenn Schuppentiere nicht so aussehen, ihre nächsten Verwandten sind Raubtiere. Aber weder das noch ihr rüstungsähnliches Äußeres hilft ihnen im Kampf gegen die erschreckende Überjagung, die alle acht Arten massiv bedroht. Schuppentiere sind vermutlich die weltweit am häufigsten gehandelten Wildtiere – und das, obwohl der internationale Handel mit ihnen seit 2017 verboten ist. Weil ihr Fleisch in Afrika, besonders aber in Asien als Delikatesse gilt und die Schuppen Verwendung in der Traditionellen Chinesischen Medizin finden, steigt der Jagddruck auf diese Tiere weiter an. Organisierte Verbrecherbanden, deren Schwerpunkt bislang auf dem illegalen Elfenbeinhandel lag, wenden sich vermehrt dem Handel von Schuppentieren zu: lebend, tiefgefroren, eingelegt – ganz oder in Teilen. Das sollte uns nicht nur aus Gründen des Artenschutzes Sorge bereiten, sondern auch deshalb, weil es Hinweise gibt, dass Schuppentiere eine Rolle in der Übertragungskette von Krankheitserregern zwischen Fledermäusen und Menschen spielen können.

Zum Ausbruch einer Zoonose kommt es meist dann, wenn Menschen engen Kontakt zu Wildtieren haben. In freier Wildbahn, in einem intakten Regenwald, ist das nahezu ausgeschlossen, weil Tiere Menschen ausweichen und/oder nur selten vorkommen. Ein Sicherheitsabstand zwischen Menschen und Tieren ist so immer gewahrt. Wenn derartige, gegebenenfalls infizierte Tiere aber gejagt, auf Märkten eingepfercht, feilgeboten und zubereitet werden, steigt die Gefahr der direkten Ansteckung rapide an. Wirklich gefährlich wird es, wenn sich Menschen in der Folge auch gegenseitig anstecken können. Dann wird aus einer einzelnen Infektion möglicherweise eine weltweite Pandemie.

Gerade in den Tropen mit ihrer hohen Biodiversität (auch der von potenziellen Krankheitserregern) und einem ausgeprägten Wildtierhandel werden so immer wieder neue und für Menschen gefährliche Krankheitserreger übertragen. Verantwortlich dafür sind aber nicht der Wald und seine »gefährlichen« Tiere, sondern unsere Eingriffe. Wilderer, Holzfäller, Goldsucher oder Kleinbauern dringen in ehemals unberührte Lebensräume vor. Hier töten sie Wildtiere und verändern durch ihre Eingriffe die natürliche Artenzusammensetzung. Gerade diejenigen Tiergruppen, die Reservoire und Vektoren gefährlicher Krankheiten sind, wie Ratten, Fledermäuse oder Mücken, fühlen sich in der Nähe des Menschen besonders wohl, denn anders als in einem intakten Regenwald fehlen dort ihre Antagonisten, die sie im Zaum halten. Sie vermehren sich in menschennahen Lebensräumen stark und befeuern so die Verbreitung von Viren. Über den Handel mit Wildtieren und Wildfleisch gelangen gefährliche Erreger direkt auf Lebensmittelmärkte und damit manchmal direkt in die Zentren von Großstädten. Hier treffen Tiere in großer Zahl und Dichte aufeinander – Tiere, die sich in freier Natur niemals begegnet wären und uns Menschen schon gar nicht. Ein Paradies für jeden Krankheitserreger, der so nicht nur zwischen Individuen, sondern auch zwischen Arten hin und her springen kann. Je mehr wir in natürliche Ökosysteme der Tropen vordringen und je unregulierter der Handel mit Wildtieren und Wildfleisch auf städtischen Märkten stattfindet, umso häufiger wird es zur Übertragung von Krankheiten und zur Ausbreitung von Pandemien kommen. Kein Wunder, dass Experten glauben, dass n-Covid-19 nur die Spitze des Eisbergs ist.

Das ist natürlich kein Plädoyer für die Vernichtung von Tiergruppen, die Reservoir oder Vektor für Krankheitserreger sind. Ihre Bedeutung für funktionierende Ökosystemleistungen wiegt ihre Rolle als »Herberge« von Krankheitserregern mehr als auf. Es ist auch keine Aufforderung, Menschen im ländlichen Afrika oder Asien den Verzehr von Wildfleisch zu verbieten, der hier oft ein wichtiger Eiweißlieferant ist. Es ist aber ein dringender Aufruf, den Handel mit Wildtieren und Wildfleisch einzuschränken und sehr streng zu kontrollieren, und natürlich ein eindringlicher Appell, Regenwälder zu schützen, damit wir keine weiteren unbekannten Krankheitserreger kennenlernen müssen.

Gute Erholung – Natur erleben

Nach der Definition der Weltgesundheitsorganisation ist Gesundheit ein Zustand vollkommenen körperlichen, geistigen und sozialen Wohlbefindens und nicht allein das Fehlen von Krankheit und Gebrechen. Das bedeutet, dass der Zugang zu sauberem Trinkwasser, ausreichend Nahrung und die Kontrolle von Krankheitserregern für unsere Gesundheit ebenso wichtig sind wie alle Faktoren, die das psychische Wohlbefinden betreffen. In all diesen Bereichen spielt Biodiversität eine wichtige Rolle.

Natur tut einfach gut.

Dass ein Leben im Grünen in vielerlei Hinsicht angenehmer ist als eines an der vierspurigen Durchgangsstraße in einer Großstadt, ist eine Binsenweisheit. Grünflächen und Naturräume steigern ganz grundsätzlich das menschliche Wohlbefinden. Der Zusammenhang geht aber noch viel tiefer. Mehr Grün in der Nachbarschaft erhöht die Lebenserwartung und hebt die Stimmung. Menschen in einem grünen Umfeld erholen sich schneller von Operationen, können sich besser konzentrieren und ermüden mental weniger schnell. Insgesamt lindert Natur Stresssymptome beim Menschen. Aber Grün ist nicht gleich Grün: Wie Studien belegen, besteht zusätzlich ein positiver Zusammenhang zwischen dem Maß an Biodiversität auf Grünflächen und dem Grad des gesteigerten Wohlbefindens.[8]

Natur tut also gut, und sie hilft uns mehr, als dass sie uns schadet, indem sie uns auch krank machen kann. Glauben Sie uns, oder fragen Sie einfach Ihren Arzt oder Apotheker.

KAPITEL 5

In guten Händen – Biodiversität und Sicherheit

Batman, Spiderman, Superwoman und andere Comicgrößen schützen mit ihren überirdischen Kräften vor Gaunern und Schurken. Im Vergleich zu den vielfältigen Sicherheitsleistungen der Ökosysteme dieser Welt verfügen sie aber eher über Inselbegabungen, arbeiten nur regional (in den USA) und werden offensichtlich nur aktiv, wenn wilde Action angesagt ist. Ganz großes Kino also. Wenn es wirklich ernst wird, sollten wir lieber auf die Superkräfte der Natur vertrauen. Die stehen naturgemäß immer und überall zur Verfügung und verhindern, dass es zu den ganz großen Katastrophen kommt. Wenn diese Leistungen langfristig funktionieren, brauchen wir die Hilfe unserer Actionheld*innen zum Glück nur ganz selten ...

Die Natur schützt uns beispielsweise vor den Gefahren von zu viel und zu wenig Wasser, denen wir an unterschiedlichen Orten zu unterschiedlichen Zeiten und durch den Klimawandel auch immer häufiger gegenüberstehen.

Biodiversität und Klimawandel stehen in einer engen wechselseitigen Beziehung zueinander: Mit der Zerstörung von Ökosystemen verlieren wir wichtige CO_2-Speicher. Das heizt den Klimawandel an. Der Klimawandel und seine Effekte wie steigende Temperaturen, Meeresspiegelanstiege oder die Desynchronisation von Arten sind wiederum wesentliche Treiber des Biodiversitätsverlustes, und so beißt sich nicht nur die Katze in den Schwanz.

Gleichzeitig kann Biodiversität durch intakte Ökosysteme oft helfen, die inzwischen unabwendbaren Gefahren des Klimawandels für den Menschen abzumildern. Dazu gehören vor allem Gefahren durch sich verändernde meteorologische Verhältnisse, die zu Wetterextremen führen und damit zu Naturgefahren wie Fluten, Stürmen und Erdrutschen. Eine andere Art der Gefährdung ist der Verlust der lebenswichtigen Ressourcen Wasser und fruchtbarer Boden.

Rhythmusstörungen

Höhere Temperaturen und verschobene Jahreszeiten sind ein Ergebnis des Klimawandels. Diese Änderungen wirken sich auf Vögel und Säugetiere, die ihre Körpertemperatur selbst regulieren, weniger stark aus als auf Pflanzen, Insekten oder Fische. So kann globale Erwärmung zur **Desynchronisation** von aufeinander abgestimmten natürlichen Prozessen führen.

So schlüpfen die Larven der Ostseeheringe durch höhere Wassertemperaturen immer früher im Jahr. Weil ihre Nahrung, das Zooplankton, zu diesem früheren Zeitpunkt aber noch nicht ausreichend zur Verfügung steht, verhungern Heringslarven, und die Heringsbestände schrumpfen.

Beide fordern jedes Jahr unzählige Opfer, richten enormen Schaden an und zwingen Menschen, ihre Heimat zu verlassen. Laut der World Meteorology Organisation (WMO) starben zwischen 1970 und 2012 pro Jahr im Schnitt circa 45 000 Menschen an den Folgen von Hitzewellen, Hochwasser, Wirbelstürmen und anderen Wetterextremen. Wassermangel und die Degradierung von Böden durch nichtnachhaltige Bewirtschaftung machen das Leben in manchen Regionen nicht nur ungemütlich, sondern unmöglich.

Unsere üblichen Antworten auf diese Bedrohungen sind entweder (1) technische Lösungen, die oft das Problem für viel Geld nur verschieben (etwa die Errichtung von Dämmen am Oberlauf von Flüssen), (2) teure Versicherungen, die nachträglich helfen, die finanziellen Schäden zu verkraften, oder (3) die nachgelagerte Katastrophenhilfe, die das schlimmste Leid zu lindern versucht. Was noch weitgehend fehlt, ist die Einsicht, dass es oft viel effizienter wäre, uns ein wenig zurückzunehmen und es der Natur zu überlassen, *uns* zu schützen. Denn was die Natur kann, kann sie eben meist auch am besten – und häufig auch am billigsten!

Katastrophenhelfer – wenn die Flut kommt

Schon immer waren Naturgewalten eine Bedrohung für Leib und Leben. Der Mensch hat zwar versucht, sich vor ihnen zu schützen oder ihnen aus dem Weg zu gehen. Das war jedoch nie zur Gänze möglich, weil Flüsse und Küsten Lebensadern sind, an denen Menschen schon immer siedelten. Sie sind aber auch besonders dynamische Lebensräume, die seit jeher den Kräften der Natur besonders ausgesetzt waren.

Was wir in letzter Zeit beobachten, ist sowohl eine Häufung als auch eine Zunahme der Intensität von Katastrophen, die mit Wasser zu tun haben – und das hat mehr mit dem Verlust von Biodiversität zu tun, als man zunächst denkt. Durch steigende Temperaturen und veränderte Klimamuster verstärkte Extremwetterlagen – auf der einen Seite verkürzte oder ausbleibende Regenzeiten, auf der anderen Seite massive Unwetter – bescheren Dörfern, Städten und Küsten immer öfter Hochwasser, Flutwellen, Stürme und Erdrutsche. Und das nicht nur irgendwo, ganz weit weg, sondern auch direkt vor unserer Haustür: An der Nordsee werden Sturmfluten bis 2030 etwa 10 bis 30 Zentimeter höher auflaufen als heute. Bis 2100 wird sogar mit einer Zunahme von 30 bis 110 Zentimeter gerechnet. Schon jetzt schwemmen Sturmtiefs wie »Sabine« im Frühjahr 2020 an Nordseeinseln große Mengen Sand von den Stränden und fluten S-Bahn-Eingänge an den Hamburger Elbbrücken. Was ein um bis zu 110 Zentimeter höherer Pegelstand bedeuten würde, mag man sich kaum vorstellen.

Weltweit sehen die Prognosen nicht weniger gravierend aus: Das World Ressource Institute geht in seinen Berechnungen davon aus, dass die Zahl der von Überflutungen aus Flüssen betroffenen Menschen von 65 Millionen im Jahr 2010 auf 132 Millionen in 2030 steigen wird, die Zahl der von Küstenhochwassern Betroffenen soll in der gleichen Zeit von 7 auf 15 Millionen steigen.

Es wird viel zu wenig darüber gesprochen, welche menschlichen Eingriffe in die Natur dafür sorgen, dass diese Naturgewalten immer öfter auch zu Naturkatastrophen werden. Bedauerlicherweise haben wir in der Vergangenheit aus den verschiedensten Gründen massiv in genau diejenigen Ökosysteme eingegriffen, die die Folgen von zu viel Wasser abmildern könnten, und tun das bis heute. Die durch den Klimawandel intensivierten Wetterereignisse schlagen daher nun umso härter zu, weil die Natur ihre Schutzfunktion immer mehr verliert.

Ein Paradebeispiel für ein schützendes Ökosystem in unseren Breiten sind die **Auen**. Auen sind die natürlichen Überflutungsflächen entlang von Flüssen. Bis zu einem gewissen Grad können Auen ebenso wie Wälder (siehe Kapitel 4) überschüssiges Wasser aus Starkregen oder Flutwellen aufnehmen und zu einem späteren Zeitpunkt langsam wieder abgeben. Jede Überschwemmung bringt dabei neuen, oft sehr fruchtbaren Boden mit sich. Der Wechsel von hohen und niedrigen Wasserständen schafft in den Auen ein reichhaltiges Mosaik unterschiedlicher Lebensräume und strukturiert die Landschaft auf vielfältige Weise.

Das erklärt den Tier- und Pflanzenreichtum von Auengebieten. Ungefähr zwei Drittel aller tierischen und pflanzlichen Lebensgemeinschaften Mitteleuropas leben in Auen – auf nur etwa sieben Prozent der Landfläche. Sie sind Kinderstube für Fische, Amphibien und Insekten und zugleich biologische Kläranlagen und Puffer für gefährliche Flutwellen. Das alles passiert ohne einen einzigen menschlichen Handgriff, ohne aufwendige technische Planungen oder finanzielle Investitionen – ein Traum von einem Ökosystem.

Aber – wen wundert es – unsere Auenlandschaften sind gefährdet. Seit Langem siedeln Menschen in der Nähe von Flüssen, nutzen sie als Transportwege, verwenden deren Wasser und profitieren von ihrem fruchtbaren Umland. Mit zunehmender Bevölkerung wuchs der Bedarf an Siedlungsflächen, gleichzeitig änderten sich die Anforderungen von Schifffahrt und Landwirtschaft. Dafür wurden immer mehr Flussläufe begradigt, Land eingedeicht und trockengelegt, Staustufen gebaut und Flussbetten durch Abbau von Bausanden und -kiesen verändert. Dies hatte weitreichende Folgen für die Auenlandschaft.

Der Auenzustandsbericht des Bundesamts für Naturschutz (BfN) gibt Aufschluss über den Status quo der Flussauen Deutschlands im Jahr 2009. Der Bericht zeigt, dass nur noch rund ein Drittel der ehemaligen Überschwemmungsflächen von Flüssen bei großen Hochwasserereignissen überflutet werden können.

An Rhein, Elbe, Donau und Oder sind durch den Bau von Hochwasserschutzdeichen an vielen Abschnitten nur noch 10 bis 20 Prozent der ehemaligen Auen vorhanden. Diese Entwicklung ist übrigens auch ein Multiplikator des Klimawandels, denn ein feuchter Auenboden speichert Kohlenstoff, der in trockengelegten Auengebieten mit Sauerstoff reagiert und dann als Kohlendioxid in die Atmosphäre entweicht.

Unverhofft kommt immer öfter

Als **Jahrhunderthochwasser** werden bei uns Pegelhöhen bezeichnet, die statistisch nur alle 100 Jahre erreicht oder überschritten werden. Durch den Klimawandel und die Eingriffe des Menschen in Auen treten diese Jahrhunderthochwasser aber häufiger auf. So gab es an der Elbe in den letzten Jahren (2002, 2006 und 2013) gleich mehrere extreme Hochwasser, die in die Kategorie »Jahrhunderthochwasser« fielen. Allerdings schiebt die Häufung der Extremhochwasser wiederum auch das statistische Mittel für das Jahrhunderthochwasser nach oben, sodass es hier zu Neuberechnungen von Grenzmarken kommt. Das entschärft zwar die Daten, nicht aber die Hochwasserereignisse.

Begradigter Flusslauf

Auenlandschaft mit Überschwemmungsflächen

Neben der Tatsache, dass durch den Verlust der Auen wichtige Überflutungsflächen fehlen, führt die Begradigung von Flüssen zudem dazu, dass diese schneller fließen. So bewegen sich Flutwellen, die durch das Fehlen von Auen nicht mehr gestoppt werden können, zusätzlich mit noch mehr Wucht vorwärts. Wenn derartige Flutwellen dann auch noch aus verschiedenen Zuläufen zeitgleich eintreffen, haben wir in der Folge immer häufiger mit etwas zu tun, was wir einmal als »Jahrhunderthochwasser« bezeichnet haben.

Der Versuch, Hochwasser durch den Bau von höheren Dämmen zu verhindern, verschiebt das Problem übrigens lediglich flussabwärts, wo dann umso größere Wassermassen ankommen. Laut TEEB-Bericht verursachte das Hochwasser im Elbe- und Donaueinzugsgebiet im Jahr 2002 einen wirtschaftlichen Schaden von rund 11 Milliarden Euro. Über 370 000 Menschen waren betroffen, 21 Menschen starben. Beim Hochwasser im Jahr 2013 beliefen sich die Schäden auf knapp sieben Milliarden Euro.[1]

Damit ist Hochwasserschutz nicht nur ein Thema für Versicherungen, sondern auch für die Bundesregierung. Am 1. Februar 2017 beschloss sie das Bundesprogramm »Blaues Band Deutschland«, eine Art Handlungsrahmen für die Auenentwicklung der nächsten Jahrzehnte. Das Programm sieht unter anderem vor, dass bis 2035 15 Prozent der Auen an Bundeswasserstraßen ihre naturtypische Funktion als Überflutungsraum zurückbekommen; außerdem sollen Nebenwasserstraßen bis 2050 zu einem länderübergreifenden Biotopverbund zusammengeschlossen werden. Das alles bedeutet, dass in unsere stark veränderten Auen wieder mehr Natur einziehen soll. Werden diese Beschlüsse umgesetzt, wird also bald wieder mehr Biodiversität Menschen an unseren Flüssen schützen.

Eine ähnliche Funktion wie Auen übernehmen **Mangroven** in tropischen Küstengebieten. Mangroven sind Waldökosysteme aus immergrünen Sträuchern und Bäumen, die im Gezeitenbereich tropischer Meeresküsten vorkommen, dort bei hohen Salzkonzentrationen wachsen und mit den extremen Bedingungen eines stark schwankenden Wasserpegels umgehen können. Einige der dort vorkommenden Bäume entwickeln zusätzliche Stelzwurzeln, mit denen sie dem Hin und Her der Brandung standhalten, oder Atemwurzeln, mit deren Hilfe sie auch bei regelmäßiger Überflutung und trotz der sauerstoffarmen Böden genug Sauerstoff aufnehmen können. Ihre Samen keimen bereits an der Mutterpflanze und fallen erst ab, wenn sie groß genug sind, um auf den Meeresboden zu sinken und sich dort direkt in den Sand zu bohren. Außerdem sind Mangroven in der Lage, sich bis zu einem gewissen Grad an einen steigenden Meeresspiegel anzupassen, indem sie ihren Sedimentaufwuchs fördern und damit ihr Wurzelbett erhöhen.

Atemwurzeln in einer Mangrove

Es ist dieses besondere Wurzelwerk, das Mangroven zu einer Heimstätte für viele Weichtiere, Krebse, Fische und Insekten, aber auch Wasservögel und Reptilien macht. In intakten Mangrovenwäldern sichert dieser Artenreichtum die Nahrungsgrundlage dort siedelnder Menschen. Außerdem speichern Mangroven drei- bis fünfmal mehr CO_2 als terrestrische Wälder und wirken so dem Klimawandel entgegen.

Eine weitere, ganz zentrale Ökosystemleistung von Mangroven ist ihre Küstenschutzfunktion bei Stürmen oder sogar Tsunamis. Studien gehen davon aus, dass ein Mangrovengürtel von 100 Meter Breite die sturminduzierte Wellenhöhe an Land um 13 bis 66 Prozent senkt, bei einer Breite von 500 Metern sogar um 50 bis 100 Prozent. Auf Versicherungsmodellen beruhende Studien zu Hurrikan Irma, der 2017 auf Floridas Küsten traf, ergaben, dass durch Mangroven damals bis zu 1,5 Milliarden US-Dollar Sachschäden verhindert und 626 000 Menschen vor Flutgefahren geschützt wurden. Auch der Tsunami 2004 in Südostasien hat dort am meisten Verwüstung angerichtet, wo keine Mangroven mehr vorhanden waren. Ohne Mangrovenwälder würden weltweit jährlich 18 Millionen Menschen zusätzlich von Überflutungen betroffen sein und zusätzliche Schäden von mehr als 57 Milliarden US-Dollar an Wohn- und Industriebauten auftreten. Ein Ökosystem, das kostenlos Menschen schützt und ernährt, sollte allemal interessanter sein als ein künstlicher Deich, der viel kostet und keine Nahrung liefert, oder? Klingt zwar logisch, wird aber kaum beachtet. Laut Millenium Ecosystem Assessment (MEA) sind zwischen 1985 und 2005 etwa 35 Prozent der Man-

Intensives Shrimp Farming in Bali

groven verschwunden, in manchen Regionen sogar bis zu 80 Prozent (bezogen auf die Länder, in denen Datenaufzeichnungen über den Mangrovenbestand vorliegen, diese repräsentieren etwa 54 Prozent des derzeitigen Verbreitungsgebietes).

Marines Leben in Mangroven

Oft genug ist erst aufgefallen, welche wichtigen Leistungen Mangroven erbracht haben, nachdem sie Reisfeldern, Aquakulturen oder Hafenanlagen gewichen waren oder zu Brennholz verarbeitet wurden. Der größte Feind der Mangroven ist aber die falsche Annahme, dass intensive Garnelenzucht die bessere Form der Nutzung sei, als sich einfach aus der Speisekammer von Mutter Natur direkt zu bedienen. Garnelenzucht ist eine der am weitesten verbreiteten und gleichzeitig am wenigsten nachhaltigen Küstenbewirtschaftung in Mangrovengebieten. Hierzu werden Mangroven gerodet, um im seichten Wasser künstliche Zuchtbecken zu errichten. Wie bei jeder Massentierhaltung werden industrielles Kraftfutter und Antibiotika an die Garnelen verfüttert und gelangen direkt oder über die Ausscheidungen in die umliegenden Gewässer. So werden nicht nur Antibiotikaresistenzen »gezüchtet«, sondern Todeszonen im Wasser geschaffen, weil ein Teil des Futters nicht von den Garnelen gefressen, sondern unter großem Sauerstoffverbrauch im Wasser zersetzt wird. Trotz aller Antibiotika bleibt das Risiko einer Garnelenseuche zudem erhalten. Oft schließen die Farmen nach wenigen Jahren wegen Verschmutzung und Krankheiten – zurück bleibt dreckige Ödnis.

Garnelenzucht ist ein wichtiger Wirtschaftsfaktor, vor allem in Südostasien. Dass sie auch nachhaltig möglich ist, zeigt das Projekt **Mangroves for Future**. Dabei werden Garnelen in natürlichen Mangrovenwäldern aufgezogen, zusammen mit anderen Meerestieren wie Krebsen und Muscheln, die gleichzeitig das Wasser reinigen. Diese natürliche Umgebung bietet Nahrung und schützt vor Krankheiten, zusätzliches Futter und Antibiotika sind nicht nötig. Weil die Zucht im natürlich vorhandenen Umfeld stattfindet, sind die Investitionskosten gering, sodass trotz des Mehraufwandes beim Fang der Tiere die extensive Bewirtschaftung für die lokalen Züchter*innen deutlich lukrativer ist als eine Intensivhaltung. Kurzum: weniger Investition, weniger Futterzusatz, weniger Medikamente, weniger Chemikalien, dafür mehr Geld, mehr Artenvielfalt und mehr schützende Mangrovenwälder – das Leben könnte so einfach sein! Wer Garnelen, Scampi oder Shrimps mag, kann solche Ansätze durch den Kauf der oft entsprechend zertifizierten Produkte unterstützen.

Mangroven sind aber nicht die einzigen tropischen Ökosysteme, die vor »zu viel Wasser« schützen, **Korallenriffe** haben dieselbe Funktion. Korallen sind Nesseltiere (= Polypen), die Kalk und mikroskopisch kleine Algen einlagern. Die Algen, die der Koralle auch ihre Farbe verleihen, leben geschützt in der Außenhaut des

Polypen und nutzen dessen »ausgeatmetes« Kohlendioxid für ihre Photosynthese. Den in der Photosynthese erzeugten Zucker und Sauerstoff nutzt wiederum der Polyp – eine perfekte Symbiose. In Korallenriffen findet eine Vielzahl von Lebewesen ein sicheres Zuhause. Obwohl sie weniger als 0,1 Prozent der Weltmeere einnehmen, bilden sie deren vielfältigste Ökosysteme und beherbergen ein Viertel der marinen Biodiversität. Weil sie die Basis langer Nahrungsketten und Kinderstube vieler Fischarten sind, würden ohne sie die Fischbestände massiv zurückgehen, mit bedrohlichen Konsequenzen für Ernährung, Gesundheit und Lebensunterhalt vieler Küstenbewohner. Darüber hinaus haben etwa 30 Prozent der Korallenriffe eine wichtige Bedeutung für den Tourismus, der in vielen Regionen eine der Haupteinnahmequellen ist.

Korallenriffe bieten für Küsten und ihre Bewohner essenziellen physischen Schutz. Sie nehmen durch ihre Struktur bis zu 97 Prozent der Bewegungsenergie von Wellen auf und schützen so vor Sturmfluten und Küstenerosion. Mehr als 200 Millionen Menschen leben (noch) im Schutz von Korallenriffen, viele von ihnen in Inselstaaten.

Klar, die schützen wir! Oder etwa nicht? Korallenriffe gehören zu den am stärksten gefährdeten Ökosystemen unserer Erde. Der MEA-Bericht ging 2005 bereits von mehr als 20 Prozent zerstörten sowie weiteren 20 Prozent stark gefährdeten Korallenriffen aus, und die Situation hat sich seitdem nicht verbessert. Der WWF Schweiz spricht heute sogar von weltweit etwa

Ein Gürtel aus Korallen mindert bei Stürmen die Wucht der Brandung.

drei Viertel akut bedrohten Riffen. Die größte Bedrohung für Korallen ist der Klimawandel mit seinen steigenden Meerestemperaturen und der zunehmenden Versauerung der Meere durch Kohlendioxid. Korallenriffe brauchen klares, sauberes Wasser mit Temperaturen zwischen 25 und 30 Grad Celsius. Wird das Wasser wärmer, stößt der Polyp seine symbiotischen Algen ab, weil deren erhöhte Photosynthese zu einer Sauerstoffvergiftung des Polypen führt. In der Folge verliert die Koralle ihre Farbe und verhungert auf Dauer – man spricht hier von Korallenbleiche. Im berühmten Great Barrier Reef vor Australien trat dieses Phänomen 1998 zum ersten Mal auf. Es folgten Korallenbleichen in den Jahren 2002, 2016, 2017 und die schlimmste bislang beobachtete im März 2020, als sich die Meeresoberfläche auf 31 Grad Celsius aufheizte.

Ein anderes Problem ist die erhöhte CO_2-Konzentration in der Atmosphäre, durch die sich mehr Kohlendioxid im Meerwasser löst und dort den pH-Wert senkt, wodurch die Meere versauern. Die Kalkbildung der Korallen nimmt ab, sie regenerieren langsamer oder lösen sich in diesem »Säurebad« sogar auf. Für Warmwasserkorallen, die den größten Teil der Küsten schützenden Riffe tropischer Gewässer bilden, konstatiert der letzte IPCC-Bericht selbst beim Erreichen des 1,5-Grad-Ziels ein sehr hohes Verlustrisiko.

Zu dieser schleichenden Bedrohung kommt die akute Zerstörung durch den Bau von Hafenanlagen, Landgewinnung, unachtsame Taucher und Fischerei mit Grundschleppnetzen, die wie Bulldozer über den Meeresgrund fräsen. Nicht zuletzt wird Mikroplastik zum Problem, weil Korallen die winzigen Partikel statt Nahrung aufnehmen und dadurch krankheitsanfällig werden – zum einen, weil sie zu wenig Nährstoffe erhalten, zum anderen, weil an den Mikropartikeln Krankheitserreger und Schadstoffe besonders gut haften.

Natürlich kann man statt der Korallenriffe künstliche Wellenbrecher vor Küsten errichten. Aber sie sind kostspielig im Bau, aufwendig im Unterhalt und ersetzen nur eine der vielen Leistungen der kostbaren Korallenriff-Ökosysteme. Egal ob Auen, Mangroven oder Korallenriffe – es wäre so viel klüger, natürliche Ökosysteme zu schützen, bevor sie verschwinden, anstatt sie hinterher mühsam durch zweitklassige Technik zu ersetzen.

Weniger als Ebbe – wenn zu wenig Wasser zum Problem wird

Auen, Mangroven und Korallen schützen vor einem Zuviel an Wasser. Aber wer schützt uns vor zu wenig Wasser, wenn Niederschläge ausbleiben und zunehmende Trockenheit herrscht?

Anders als bisher an- und wahrgenommen, ist dieser Wassermangel längst kein Phänomen mehr, das auf die klassischen heißen, regenarmen Regionen Afrikas oder des Mittelmeerraumes beschränkt ist. Die Sommer der Jahre 2018 und 2019 haben uns klar vor Augen geführt, dass veränderte Niederschlagsmuster auch in den gemäßigten Breiten zu großem Stress führen können. Hitzewellen, steigende Brandgefahr, geschwächte und damit schädlingsanfällige Wälder, Ernteausfälle und niedrige Flusswasserpegel, die den Schiffsverkehr zum Erliegen bringen, sind auch in Deutschland angekommen.

Durch den Rückgang von Biodiversität und intakten Ökosystemen mündet ausbleibender Regen, den es durch den menschengemachten Klimawandel immer häufiger gibt, besonders schnell in Katastrophen. Weil überall auf der Welt natürliche, bodendeckende Vegetation Städten, Infrastruktur und ›nackten‹ Monokulturen weichen muss, wird Wasser, das als Niederschlag auf die Erde trifft, viel schneller abgeleitet, und zwar nicht ins Grundwasser oder natürliche Gewässer, sondern in Gullys und Rohre, was den natürlichen Wasserkreislauf massiv verändert. Wer es sich noch leisten kann, der hält Monokulturen mit oft enormen Mengen an Bewässerungswasser am Leben; als Wasserquelle müssen hierfür oft umliegende natürliche Reservoire herhalten, die in der Folge immer weniger Wasser führen und in Notfällen nicht mehr in erforderlicher Menge zur Verfügung stehen.

Bei uns in Mitteleuropa lassen sich Wassermangel und einzelne Ernteausfälle noch einigermaßen abmildern und sind bislang »nur« ein Kostenfaktor. In anderen Weltregionen sind sie lebensbedrohend und zwingen Menschen, ihre Heimat zu verlassen.

Hilfst du mir, helfe ich dir – Ökosysteme schützen

Allein im Jahr 2017 wurden 18 Millionen Menschen vertrieben, weil ihnen wetterbedingte Katastrophen ein Leben in ihrer Heimat unmöglich machten (8,6 Millionen nach Fluten, 7,5 Millionen nach Stürmen, 1,3 Millionen nach Dürren, 518 000 durch Buschfeuer und Waldbrände, 38 000 durch Landrutsche, 4500 wegen extremer Temperaturen).[2] Ob sie als Binnenflüchtlinge nach kurzer Zeit wieder in ihre Heimat zurückkehren oder sich dauerhaft auf den Weg fernab ihrer Heimat machen, hängt davon ab, wie schnell sich die Region nach einer Katastrophe erholt und wie regelmäßig mit weiteren Katastrophen zu rechnen ist. Auf beide Aspekte wirken intakte Ökosysteme positiv ein. Wir müssen uns daher auf ihren Schutz besinnen, sonst ist hier keine Entspannung in Sicht.

Schon heute gibt es Umweltrisiken, für die Versicherungen keine Policen mehr anbieten. Permanente Katastrophenhilfe und Ernährungsprogramme können nicht unsere Antwort auf diese Probleme sein. Der aktive Erhalt natürlicher Ökosysteme ist ein kosteneffektiver Weg zur Risikoreduzierung, der mit positiven Nebeneffekten für Klima- und Artenschutz, Gesundheit, Versorgungssicherheit, lokale Wertschöpfung und sozialen Frieden verbunden ist. Zum Glück erkennen immer mehr lokale und globale Entscheidungsträger diesen Wert und gehen über zu Konzepten der sogenannten **Ecosystem-based Disaster Risk Reduction** (EcoDRR), die nachhaltiges Management, Erhalt und Restaurierung von Ökosystemen zum zentralen Element ihrer Entwicklungs- und Risikomanagementstrategien machen.

Port Salut (siehe Kasten) ist nur ein Beispiel dafür, wie klug es ist, wenn Menschen und Ökosysteme sich gegenseitig schützen. In vielen Regionen der Erde unterstützen inzwischen Organisationen wie die Welt Naturschutz Union (IUCN), das Umweltprogramm der Vereinten Nationen (UNEP), die KfW Entwicklungsbank oder andere Umwelt- und Entwicklungshilfeorganisationen derartige EcoDRR-Projekte sowohl finanziell als auch in der praktischen Umsetzung oder der Vernetzung von Partnern. Insbesondere die SIDS, die »Small Island Developing States«, sind zur Anpassung an den Klimawandel auf ihre Küsten schützenden Korallen und Mangroven angewiesen. Die Erkenntnis, dass wir ohne den Schutz und das nachhaltige Management von Ökosystemen gegen Windmühlen ankämpfen, setzt sich erkennbar durch. Hoffen wir, dass der Weg vom Wissen zum Handeln nicht zu lang ist!

Ridge-to-reef Approach

Küstenfernes Fischen braucht entsprechende Ausrüstung.

Ein Beispiel für gelungenen ganzheitlichen Katastrophenschutz ist die Gemeinde von Port Salut im Südwesten Haitis, in der zwischen 2013 und 2016 mit Unterstützung der nationalen Regierung, der Europäischen Union und des Umweltprogramms der Vereinten Nationen (UNEP) ein solches EcoDRR-Programm initiiert wurde.

Zwischen Meer und einer Bergkette gelegen, ist die Bevölkerung von Port Salut in Zeiten des Klimawandels nicht nur zunehmenden Gefahren durch Sturmereignisse ausgesetzt; der unkontrollierte Einschlag in den Wäldern der Bergregion hat auch das Risiko von Bodenerosion und Erdrutschen erhöht. Um beiden Gefahren zu begegnen, wurde ein umfangreiches Aufforstungsprogramm mit Mangroven, Wald- und Obstbäumen gestartet, um einerseits Küsten vor Sturmfluten und andererseits das Inland vor Erdrutschen zu bewahren. Hierzu wurden zunächst Baumschulen eingerichtet, in denen Mitglieder von 200 Haushalten in der Pflege und Bewirtschaftung der Aufforstungsflächen Beschäftigung fanden. Gleichzeitig wurden Fischer geschult und besser ausgerüstet, um ein Fischen in küstenferneren Bereichen zu ermöglichen und damit den Druck auf die Fischbrutstätten in Küstennähe zu verringern. Neben besserem Katastrophenschutz half das Programm so, die Versorgungslage der Bevölkerung deutlich zu verbessern.

KAPITEL 6

Schöner Wohnen – Biodiversität und Stadt

Nun möchten wir über ein Habitat sprechen, das uns sehr nahe liegt: unser Zuhause. Im Kleinen betrachtet, ist es der Ort, an dem wir Zuflucht finden vor Wind, Wetter, Feinden oder Artgenossen – gemeint ist das Haus oder die Wohnung, in dem oder der wir leben. Etwas weiter gedacht, ist es das soziale Gebilde, in dem wir uns zusammenfinden – und das ist für mittlerweile über 50 Prozent der Weltbevölkerung »die Stadt«.

Bis 2050 werden wohl fast 70 Prozent der Weltbevölkerung in Städten leben. Man könnte mit Fug und Recht sagen, dass für die Spezies Mensch die Stadt die bevorzugte Form des Zusammenlebens ist. Aber warum eigentlich? Weil es dort so schön ist? Denken wir an die Wohnbedingungen in den Megastädten dieser Welt, die von mindestens 10 Millionen Menschen bewohnt werden, ist das vermutlich nicht der Grund. Nein, Menschen zieht es in Städte, weil das Überleben hier eher gesichert ist beziehungsweise zu sein scheint.

Insbesondere in Ländern des Globalen Südens ist die Landflucht immens. Die Ausbreitung großer Agrarbetriebe und industrieller Landwirtschaft, der Klimawandel, aber auch der Import von in anderen Ländern subventionierten Lebensmitteln machen in vielen Regionen der Erde ein Überleben durch private, kleinbäuerliche Landwirtschaft nicht mehr möglich, bezahlte Arbeit gibt es im ländlichen Raum nicht in ausreichendem Maße, wichtige Infrastruktur fehlt. Der einzige Weg, der den Betroffenen bleibt, ist daher der Weg in die Städte, in der Hoffnung, dort ein besseres Auskommen zu finden. Kleiner Gedanke am Rande: Wenn wir Biodiversität und Ökosysteme in diesen ländlichen Gegenden erhalten würden, könnten Menschen dort auch dauerhaft gut leben. Damit wären viele Konflikte und Probleme des engen Zusammenlebens in Städten zumindest abgeschwächt.

Auch in Industrienationen wuchsen und wachsen Städte, weil die Menschen sich hier ein besseres Leben versprechen: bessere Jobs, bessere Schulen, mehr Kultur. Während dieser Trend bei uns langsam ein Ende findet, ist er in den Megastädten der Schwellen- und Entwicklungsländer ungebremst. Stimmen die Prognosen, werden bis 2050 weltweit wöchentlich 1,4 Millionen Menschen in Städte ziehen. Gleichzeitig werden bis 2050 circa drei Milliarden Menschen in die Mittelschicht aufsteigen, fast alle im urbanen Umfeld. Beides wird einen immensen Einfluss auf den ökologischen Fußabdruck der Städte haben.

In einer Stadt finden Menschen ein Dach über dem Kopf, können einer Arbeit nachgehen und sich von dem, was sie dafür bekommen, das kaufen, was sie zum Leben brauchen (oder denken zu brauchen). Städte sind von Menschen für Menschen gebaut, sie sind ein von uns dominiertes Ökosystem. Aber auch wenn es uns manchmal so vorkommt, existiert dieses System in keinster Weise unabhängig von »natürlichen« Ökosystemen. Auch in Städten sind wir abhängig von dem, was natürliche Ökosysteme leisten: Abgesehen vom Erholungswert diverser Wochenendausflüge in die Natur oder des Spaziergangs im Park nach Feierabend, filtern und speichern Ökosysteme in der Stadt Wasser und CO_2, reinigen Luft, regulieren die Temperatur und bieten Schutz bei Extremwetterereignissen, um nur die wichtigsten zu nennen. Gleichzeitig wohnt Städten aber auch das Potenzial inne, genau diese Funktionen und die ihnen zugrunde liegende Biodiversität zu (zer)stören.

Alles wasserdicht!

Unsere Städte werden immer größer und umfassen dabei immer weniger Brach- und Grünflächen. Dort, wo keine Häuser stehen, ist der Boden in der Stadt meist mit Asphalt, Beton oder Steinen bedeckt. Oft ist die Fläche zusätzlich unterkellert oder untertunnelt, für U-Bahn und S-Bahn, Kanalisation, Verkabelungen oder als Lagerraum. Boden, der auf diese Weise luft- und wasserdicht abgedeckt ist, nennt man »versiegelt«.

In Deutschland gelten etwas mehr als sechs Prozent des Bodens als versiegelt. Das klingt auf den ersten Blick nicht gerade erschreckend, bleiben doch 94 Prozent »unbetoniert«. Betrachtet man nur die als Siedlungs- und Verkehrsflächen ausgezeichneten Bereiche, sind es aber bereits 45 Prozent. Ist das nicht vielleicht auch egal? Soll doch der Maulwurf einfach ein paar Meter weiter seinem Tagwerk nachgehen.

So einfach ist es aber nicht. Die Versiegelung hat nicht nur ein paar grabenden Erdbewohnern den Weg versperrt, die dann halt ausweichen müssen. Seit unsere Städte mit einer festen Decke überzogen sind, versickert Regenwasser nicht langsam, sondern fließt über eine oft vor mehreren Jahrzehnten oder sogar Jahrhunderten geplante und gebaute Kanalisation ab, die heutigen Erfordernissen oftmals nicht mehr standhält. Die Folge bei Starkregen: sprudelnde Gullydeckel, geflutete U-Bahneingänge oder schwimmende Autos in Tiefgaragen. Selbst wenn die Kanalisation einwandfrei funktioniert, muss das Wasser anschließend mit hohem technischen Aufwand und Kosten gereinigt werden.

Da ist der Wurm drin

Regenwürmer sind echte Alltagshelden und auch in unseren Städten häufig, wenn wir Böden nicht versiegeln. Weil sie emsig Blätter in ihre Röhren ziehen und sie, vermischt mit Pilzen, Bakterien und Erde, als fruchtbaren Boden wieder ausscheiden, sind sie die Partner von Landwirten und Hobbygärtnern. Das mag einem ignoranten Städter vielleicht noch egal sein. Weil sie aber eifrig Gänge in den Boden graben, durch die auch Starkregen gut abfließen kann, retten sie auch Städter vor zu viel Wasser. Allein in Deutschland gibt es 45 Arten von Regenwürmern, weltweit sogar etwa 3000. Es lebe die Vielfalt!

Dabei existiert eine natürliche und kostenlose Wasser-Aufnahme- und-Filter-Maschine: Vegetation und Boden, über die wir bereits im vorherigen Kapitel gesprochen haben. Ein intakter Boden, der gut durchwurzelt ist und in dem viele Regenwürmer leben, der also über ein gutes natürliches »Kanalsystem« verfügt, kann pro Stunde bis zu 150 Liter Wasser aufnehmen,[1] nach und nach filtern und sauber ins Grundwasser abgeben. Auf diese Leistung verzichten wir zwangsläufig, wenn wir Böden versiegeln.

New Yorks grüner Filter

Die Stadt New York hat zwar ihr innerstädtisches Versiegelungsproblem noch nicht gelöst (auch wenn seit den schweren Überflutungen der Stadt nach dem Tropensturm »Sandy« 2012 mit Hochdruck an Konzepten zum Hochwasserschutz gearbeitet wird), aber bei der Versorgung mit sauberem Trinkwasser setzt die Stadt immerhin in großem Maße auf die Unterstützung der Natur. New York erhält über 90 Prozent seines Trinkwassers direkt aus den etwa 200 Kilometer entfernten Catskill Mountains. Ohne die Filterleistung dieses Ökosystems wären laut Umweltschutzbehörde Investitionen von über 10 Milliarden Dollar in entsprechende Wasseraufbereitungsanlagen nötig, deren Betrieb nochmals jährlich an die 100 Millionen verschlingen würde. Der Erhalt des 400 000 Hektar großen Wassereinzugsgebiets war um ein Vielfaches günstiger und gleichzeitig ein Segen für die Biodiversität des Staates New York, vom Erholungswert ganz abgesehen.

Was wir also brauchen, um insbesondere bei Starkregen die städtische Kanalisation zu entlasten und gleichzeitig unsere Trinkwasserversorgung zu sichern, sind mehr unversiegelte Flächen mit gesunder Vegetation und einem vielfältigen Bodenleben. Dazu zählen Grünflächen, wie städtische Parks und Gehölze, private Vorgärten oder Grünstreifen an und zwischen Straßen, aber auch Gründächer, die zwischen 40 und 90 Prozent der Niederschläge aufnehmen und verzögert wieder abgeben können.

Immer mehr Stadtplaner erkennen, dass Begrünung beziehungsweise Renaturierung sehr effiziente Alternativen zu aufwendigen Kanalisationsausbauten und teuren Wasseraufbereitungsanlagen sein können. In Hamburg gibt es zu diesem Zweck beispielsweise seit 2014 Förderungen für Gründächer. Das Gleiche gilt für Berlin, wo zudem in manchen Stadtteilen das Regenwasser von Plätzen und Straßen in Rasenmulden geleitet wird und dort versickern kann. Für Städte, die dieses Prinzip der Wasserwirtschaft umgesetzt haben, hat sich der Begriff »Schwammstadt« oder »Sponge City« etabliert. Beispiel einer Sponge City ist Lingang, eine im Bau befindliche Planstadt im Einzugsgebiet von Schanghai, in der mindestens 70 Prozent des Regenwassers aufgefangen, wiederverwendet oder vom Boden auf natürliche Art und Weise absorbiert werden soll.

Auf Sand gebaut

Wer heute eine Stadt errichtet, baut meist mit Beton. Beton besteht, vereinfacht gesagt, aus Zement (ein Bindemittel aus Kalkstein und Ton), Wasser und Sand. Dabei ist die

Produktion von Zement besonders energieaufwendig. Gut acht Prozent der weltweiten CO_2-Emissionen entstehen hier. Aber auch der Verbrauch von Wasser und Sand sind problematisch. Grob gesagt, werden für einen Kubikmeter Beton etwa zwei Tonnen Sand gebraucht, was bedeutet, dass in einem mittelgroßen Haus rund 200 Tonnen Sand stecken, 30 000 Tonnen in einem Kilometer Autobahn und 12 Millionen Tonnen in einem Atomkraftwerk.

Sprichwörtlich »wie Sand am Meer« gibt es geeigneten Sand dafür längst nicht mehr. Bausand ist, auch wenn wir uns das kaum vorstellen können, zu einer knappen Ressource geworden. Das Umweltprogramm der Vereinten Nationen (UNEP) schätzt, dass die Welt jährlich (Stand 2014) 40 Milliarden Tonnen Sand und Kies verbraucht. Das wäre genug, um eine mehr als 27 Meter hohe und 27 Meter breite Betonmauer rund um den Äquator zu bauen, und doppelt so viel, wie alle Flüsse der Erde in einem Jahr an Sediment transportieren.[2]

Ein Meer aus Sand …

… aber dem falschen. Wüstensand ist vom Wind so rund geschliffen, dass ihn bisher kein Zement der Welt zusammenhält. Für die Hochhäuser in Abu Dhabi oder Dubai etwa wird deshalb Sand aus weit entfernten Ländern wie Australien oder Indonesien

Illegaler Sandabbau

importiert. Der exzessive Abbau hat dort schwerwiegende Konsequenzen: Ökosysteme und Strände verschwinden, Meeresströmungen verändern sich, ganze Inseln rutschen ab und verschwinden über kurz oder lang. Einige asiatische Länder haben das erkannt und den Export von Sand verboten. In der Konsequenz ist der Abbau leider nicht zurückgegangen, sondern in die Hände einer Sandmafia übergegangen.

Die enorme Nachfrage nach Sand führt dazu, dass der Rohstoff nicht mehr nur in Sand(stein)gruben abgebaut wird, sondern auch aus Flussbetten und zunehmend auch dem Meer entnommen wird – mit verheerenden Folgen für die marine Biodiversität. Heimstätten für Flora und Fauna werden zerstört, Wassertiefen und Strömungen verändert und dadurch Ökosysteme in Küsten- und Uferzonen beeinträchtigt. Und ist der Sand erst weg, finden an sandige Verhältnisse angepasste Kleinstlebewesen weder Versteck- noch Nistmöglichkeiten – eine Katastrophe für die ersten Glieder potenziell sehr langer Nahrungsketten.

Lange galt Sand als eine freie und immer verfügbare Ressource, aber inzwischen ist er zu einem (nicht immer legalen) Milliardengeschäft geworden. Die indonesische Regierung berichtet etwa, dass mittlerweile bis zu 80 Inseln vor der indonesischen Küste durch illegalen Sandabbau verschwunden sind, während ein Blick in die Times of India fast wöchentlich über Gewalttaten der indischen Sandmafia berichtet. Dutzende Journalisten, Aktivisten, Beamte und Polizeikräfte haben im Kampf gegen illegalen Sandabbau ihr Leben verloren.

Wollen wir die mit dem intensiven Abbau verbundenen Gefahren für Biodiversität und Mensch begrenzen, müssen wir die Nachfrage nach Sand reduzieren. Dazu sollten wir uns an das Prinzip »reduce–reuse–recycle« halten: Langlebig bauen und Abrissmaterialien wiederverwenden sind sinnvolle Ansätze, zu denen es in der Bauwirtschaft erfreuliche Entwicklungen gibt.

Ein anderer Weg zur Verringerung des Sandbedarfs in der Bauwirtschaft liegt im Ersatz von Beton als Baumaterial. Auch hier hat die Natur unzählige Materialien zu bieten, die oft gesünder, billiger, teils sogar widerstandsfähiger und vor allem ästhetischer sind.

Holz etwa ist nachwachsend, langlebig, vielseitig und verhältnismäßig wenig energieintensiv in der Herstellung, und es speichert über die gesamte Lebensdauer rund eine Tonne CO_2 pro Kubikmeter. Die Eigenschaften von Holz als Baustoff lesen sich wie ein Werbeprospekt der Natur: Es ist stabil und elastisch zugleich, angenehm fürs Raumklima, weil es Feuchtigkeit aufnehmen und wieder abgeben kann, und besitzt eine enorme Tragkraft bei geringem Eigengewicht. Ein Würfel aus Tannenholz mit einer Kantenlänge von vier Zentimetern kann vier Tonnen Gewicht tragen. Damit ist Holz belastbarer als Beton!

Ausgezeichnetes Holz

Entscheidend ist natürlich, welche Baumarten verwendet werden und wo das Holz herkommt. Erstens sollte es möglichst nah am Verwendungsort geschlagen werden, um weite Transportwege zu vermeiden. Zweitens sollte die Verwendung seltener Tropenhölzer nur in Ausnahmefällen erfolgen, und drittens sollte Holz immer aus nachhaltiger Forstwirtschaft stammen, zertifiziert beispielsweise mit Siegeln des Forest Stewardship Council (FSC), des Programme for the Endorsement of Forest Certification Schemes (PEFC) oder von Naturland, um nur einige zu nennen.

Ein weiteres vor allem im Westen unterschätztes Baumaterial ist Stroh. Stroh ist ein nachwachsendes, regionales und kostengünstiges Produkt der Landwirtschaft, es ist stark wärmedämmend und atmungsaktiv. In stark gepresster Form mit Lehm verputzt, erfüllt es sogar die Brandschutzklasse F 90 (das heißt, dass eine Wand mindestens 90 Minuten einem Feuer standhält) und erfüllt damit übliche Baustandards.

Naturbaukasten

Ein Hochhaus aus Holz mit 24 Stockwerken in Wien

Die Vorteile von Holz haben wohl auch die Projektentwickler des **HoHo Wien** überzeugt. Dort entsteht gerade das mit **84 Metern** und **24 Stockwerken** höchste Holzhaus der Welt, eine Mischung aus Wohn-, Büro- und Hotelgebäude. Sehr ökologisch – und chic obendrein!

Das **Norddeutsche Zentrum für Nachhaltiges Bauen** in Verden hat 2015 übrigens ein fünfstöckiges **Strohballenhaus** gebaut – klingt unglaublich, ist aber wahr (und steht immer noch).

Jeden Tag Party ...

Städte sind laut, wachsende Städte sind noch lauter. Verkehr, Baustellen, aber auch viele laute Menschen können zu erheblicher Belastung werden, denn Lärm bedeutet Stress. Das ist kein subjektives Empfinden: Bei Lärm schüttet der Körper vermehrt Stresshormone aus, die ihrerseits in Stoffwechselvorgänge des Körpers eingreifen. Als Folge kommt es zu Veränderungen bei Blutdruck, Herzfrequenz und anderen Kreislauffaktoren. Interessanterweise passieren diese Stoffwechselveränderungen weitgehend unbewusst und deshalb auch bei Personen, die meinen, sich an Lärm gewöhnt zu haben, oder die schlafen – wenn dies überhaupt gelingt, denn Schlafstörungen sind auch ein unangenehmer Effekt von Lärmbelastung. Einer Untersuchung des Forschungsverbundes Lärm und Gesundheit zufolge war bei Erwachsenen (18 bis 59 Jahre) bei lärmbedingten Schlafstörungen das Risiko für Allergien um 46 Prozent, für Herz-Kreislauf-Symptome um 45 Prozent, für Bluthochdruck um 49 Prozent und für Migräne um 56 Prozent signifikant erhöht.[3]

Dagegen könnte uns die Natur helfen. Dichte Baumreihen schlucken Straßenlärm, und eine bewachsene Häuserwand vermindert mit ihren Zweigen und Blättern die Schallreflexion, was insbesondere in belebten

Innenhöfen ein Vorteil sein kann. Auch begrünte Bodenflächen schlucken den Schall wesentlich besser als mit Stein oder Asphalt versiegelte. Letztlich hilft jedes Stück Stadtgrün, Ruhezonen und Rückzugsmöglichkeiten für Mensch und Tier zu schaffen.

Licht aus!

Ein häufig unterschätztes Problem von Städten und Ballungsräumen ist die **Lichtverschmutzung** durch Straßenbeleuchtungen, Reklamen und ausgedehnte Aktivitätszeiten.

Wir Menschen beklagen dabei den fehlenden Sternenhimmel, aber es ist auch hier der Einfluss auf Ruhezeiten und Biorhythmen, der Menschen und besonders Tiere vor Probleme stellt. Studien zeigen, dass Vögel in Innenstadtbereichen mehrere Stunden früher aktiv werden als ihre Artgenossen auf dem Land. Der Tagesrhythmus von Vögeln wird unter anderem durch das Hormon Melatonin bestimmt, das nur in Dunkelheit vom Pinealorgan (Zirbeldrüse) ausgeschüttet wird. Fehlendes Melatonin beeinträchtigt den Schlaf und die Ruhephasen der Vögel. In diesen nächtlichen Ruhephasen reduzieren sie Körpertemperatur, Stoffwechsel und nächtlichen Energieverbrauch. Sind die Nächte zu hell, schlafen Vögel schlecht und verbrauchen nachts zu viel Energie, was gerade in Winterzeiten zum Problem wird.[4] Und übrigens: Der zugrunde liegende Prozess ist bei Menschen und Vögeln gleich … Na dann gute Nacht!

Die Nacht zum Tag gemacht

Bei manchen Singvogelarten wird das Brutgeschäft von der Tageslänge getriggert. Ist es in der sensiblen Zeit (dem Frühjahr) nachts zu hell, verschiebt es sich um bis zu einen Monat nach vorne. Dann gibt es Nachwuchs, lange bevor ausreichend Insektennahrung zur Verfügung steht.

Nicht vergessen darf man die Milliarden Insekten, die nachts vom künstlichen Licht desorientiert auf Trab gehalten werden und an Erschöpfung sterben oder leichte Beute für Fressfeinde werden. Eine Untersuchung aus dem Jahr 2000 belegte, dass an einer einzigen Straßenlaterne in Deutschland pro Sommernacht im Schnitt 150 Insekten starben. Bei damals 6,8 Millionen Straßenlaternen waren das über eine Milliarde tote Insekten – pro Nacht.[5]

Da hilft nur: Licht aus!

Heiße Architektur

Die Lufttemperatur in Städten hängt stark von der Gebäudegeometrie und den Strahlungseigenschaften der Oberflächen ab. Hauswände und Straßenbeläge speichern die Hitze des Tages und geben sie nachts wieder ab. Zudem ist es im Windschatten von Häusern wärmer als auf offener Flur. Die Verdichtung von Städten verschärft diesen Wärmeeffekt zusehends: Immer öfter behindern Neubauten in natürlichen Windschneisen die Luftzirkulation, zunehmende Versiegelung und vegetationslose Böden können keine Verdunstungskühlung mehr bereitstellen. Kommt Abwärme von Verkehr sowie Heiz- und Kühlprozessen hinzu, können die lokalen Temperaturen in der Stadt deutlich über denen im Umfeld liegen – laut Deutschem Wetterdienst in klaren, windstillen Nächten an manchen Orten um bis zu 10 Grad Celsius, weshalb man hier auch von urbanen Hitzeinseln spricht.

Angesichts der ohnehin steigenden Sommertemperaturen durch den Klimawandel klingen »10 Grad mehr« fast schon furchterregend, und sie sind es auch. Städtische Wärmeinseln können in Hitzeperioden erhebliche Auswirkungen auf Erkrankungen des Herz-Kreislauf- und Atmungssystems haben. Während einer dreiwöchigen Hitzewelle in Brandenburg und Berlin im Jahr 1994 war die Sterberate an einigen Tagen um 10 bis 30 Prozent, in einigen Bezirken Berlins sogar um 50 Prozent höher als in der entsprechenden Jahreszeit üblich.[6]

Über einen längeren Zeitraum leiden natürlich auch Flora und Fauna unter Hitze und Trockenheit, während andererseits mehrere von Tieren übertragene Krankheitserreger positiv auf höhere Temperaturen reagieren und länger aktiv bleiben.

Gegen diesen Hitzestau wirken wiederum Grünanlagen. Grünflächen speichern weniger Hitze als Beton und Asphalt und sorgen durch Verdunstung an der Oberfläche gleichzeitig für Kühlung. Eine Londoner Studie ergab zum Beispiel einen Temperaturunterschied zwischen Park und umliegender Bebauung von bis zu 3 Grad Celsius, nachts sogar 4 Grad Celsius.[7] Kleine Anlagen mit einer Mischung aus Bäumen und Gras bieten Kühlung in unmittelbarer Nähe, ab der Größe von etwa 3 Hektar (das sind ungefähr 4 Fußballfelder) strahlt der Kühlungseffekt sogar nennenswert in die umliegenden Gebiete, sodass ein Netz aus Grünanlagen das ganze Stadtklima beeinflussen könnte.[8]

Cooler Baum

Bäume sind hervorragende Klimaanlagen. Sie öffnen bei Hitze winzige Spalten in ihren Blättern, über die sie Wasser verdunsten. Bäume können so pro Tag Hunderte Liter Wasser ausschwitzen. Die Kühlleistung dieser Verdunstungskälte liegt bei etwa 70 Kilowattstunden pro 100 Liter – genug, um zwei durchschnittliche Haushaltsklimageräte zu betreiben.[9]

Eine »Wunderwaffe« gegen heiße Städte sind **vertikale Grünflächen**. Der Bewuchs einer Fassade wirkt im Sommer wie ein natürliches Kühlsystem, er verhindert das Aufheizen der Wände und kühlt durch die Verdunstung über die Blätter. Im Winter isoliert er dagegen die Wände nach außen und bietet so Schutz vor Kälte. Geräuschlose Klimaanlagen, die CO_2 nicht in die Luft blasen, sondern binden – so sehen kluge Lösungen aus …

Mittlerweile gibt es **mobile Pflanzwände**, die dort platziert werden können, wo sie gerade gebraucht werden, etwa an Bushaltestellen, Marktplätzen oder Wartezonen öffentlicher Gebäude. Meist sind sie mit Moos bewachsen, weil diese Pflanzen durch ihre besondere Blattstruktur eine große Oberfläche bereithalten. Sie erzeugen Schatten, filtern Feinstaub, regulieren die Luftfeuchtigkeit und verbessern damit in ihrem Umfeld deutlich die Luftqualität und das Mikroklima.

In der Vergangenheit wurde Fassadenbewuchs oft beseitigt, weil man Angst hatte, das kleine Getier im Efeu würde in großer Anzahl die Wohn- und Schlafzimmer erobern. Heute sieht man die strikte Trennung von Natur und Mensch kritischer und weiß aus zahlreichen Studien von der raumpsychologischen Wirkung von Pflanzen. Mit einem Ausblick ins Grüne steigt die Wohnzufriedenheit, das Stressniveau sinkt – und langsam setzt sich sogar die Erkenntnis durch, dass eine Spinne am Fenster die »nervende Mücke« auf Abstand hält.

Stadtgrün statt Grau

Ganz schön ungemütlich, diese Städte, oder?! Vielleicht. Manche sicher. Aber auch in Städten ist ein gutes und gesundes Leben grundsätzlich möglich, und es ist nicht erforderlich, wieder aufs Land zu ziehen. Wenn wir unsere Städte anders (besser?) gestalten, können wir uns dort auch wohlfühlen. Das Rezept für diese Umgestaltung ist natürlich Stadtgrün. So helfen wir Biodiversität und die Biodiversität uns.

Unsere Städte sind – das mag an dieser Stelle erst mal überraschend klingen – durchaus ein guter Platz für Artenvielfalt. Im Gegensatz zu den sie umgebenden, eher monotonen gewerblich oder agrarindustriell genutzten Flächen findet sich in Städten unserer Brei-

Vertikaler Garten in Madrid

ten mit ihren Baulücken, Parks, Vorgärten oder verfallenden Industriegebäuden heute noch eine Vielfalt an Lebensräumen. Zusammen mit einem geringen oder fehlenden Jagddruck führt das zu einer relativ hohen Artenvielfalt. Noch. Denn in vielen Städten werden derzeit massiv Baulücken geschlossen, Grünflächen und Brachflächen verbaut, Häuser immer höher errichtet. Mit dieser »Verdichtung« von Städten bremsen wir zwar die Bebauung umliegender Gebiete, weil wir vorhandene Stadtfläche »effizienter« nutzen. Trotzdem werden auch hier weitere Flächen versiegelt, verschwinden innerstädtische Brachen und damit auch Raum für eine »spontane, wilde Flora«, an der sich Reptilien, Vögel und Insekten gütlich tun. Dabei tut Grün wirklich gut, auch und besonders in Städten. In Philadelphia hat man das wissenschaftlich untersucht und herausgefunden, dass schon kleine Grasflächen mit Bäumen die Depressionsrate der Bewohner in der Nähe herabsetzen.[10]

Vielfältige Flora und Fauna sind für unsere Städte dringend erforderlich, wie unser Rundblick gezeigt hat. Was also können wir tun, damit neben den Menschen auch all die anderen Arten zu glücklichen Stadtbewohnern werden?

City Hopper

Die flotte Stadtbiene gilt inzwischen nicht umsonst als beliebter Produzent urbaner Honigmarken. Hier findet sie in botanischen Gärten, Blumenkübeln und auf Dachterrassen fast ganzjährig ein abwechslungsreiches Blütenangebot, das obendrein kaum mit Pestiziden belastet ist. Kein Wunder also, dass es Stadtbienen heute oft besser geht und sie mehr Honig produzieren als ihre Verwandtschaft vom Land.

Die Bereitstellung eines **Netzwerkes von Grünflächen** ist eine der effizientesten Biodiversitätsmaßnahmen in der Stadtplanung, und zwar auf Dächern, an Wänden und in der Fläche. Doch Vorsicht: Nicht jede Grünanlage fördert Biodiversität. Gerade in Parks herrscht oft gestalterische Gleichförmigkeit, die weder Arten- noch Lebensraumvielfalt bietet. Sinnvoll ist die Neuanpflanzung heimischer Arten, weil diese auch die besten Lebensräume für die heimische Fauna bieten. Ferner gilt, je größer die begrünte Fläche, desto besser; kleinere Flächen soll-

Die im New Yorker Stadtteil Chelsea vor einigen Jahren zu einem Park umgewandelte ehemalige »High Line« hat in dem ehemals industriellen Viertel zu einer Explosion der Preise angrenzender Immobilien und ambitionierten Neubauprojekten geführt.

ten möglichst über **Korridore** vernetzt sein, wobei für Vögel und Insekten begrünte Dächer und Fassaden als **Trittsteinbiotope**, also einladende Zwischenstopps auf dem Weg von einem Lebensraum zum anderen, dienen können.

Teures Grün?

Wie positiv Menschen auf Stadtgrün reagieren, zeigt sich an der Steigerung von Immobilienpreisen im Umfeld größerer Renaturierungsmaßnahmen.

Ist Gentrifizierung also die Schwester der städtischen Biodiversität? Sie sollte es zumindest nicht sein – und sie wäre durch ausreichende Begrünung in Städten auch zu verhindern, denn nur was knapp ist, treibt die Preise in die Höhe. Wenn wir uns nochmals vor Augen führen, dass bis zur Jahrtausendmitte mehr als 70 Prozent

Wohngemeinschaft von Mensch und Natur: Hundertwasserhaus in Essen

der Menschen in Städten leben werden, dann wird klar, wie wichtig es ist, diesen Lebensraum mit ökologischer Weitsicht zu gestalten. In zukünftiger Stadtentwicklung brauchen wir Häuser, Hochhäuser und ganze Stadtviertel, die das »hier Mensch – dort Natur« aufheben und anerkennen, dass wir es nur gemeinsam so richtig schön haben.

Zum Glück haben wir bereits beim Thema Klimawandel beobachten können, wie viel Innovation und politischer Einfluss von einzelnen Stadtverwaltungen und Gemeinden ausgehen kann. Städte tauschen sich aus, schließen sich zusammen und ergreifen die Initiative, die oft über das hinausgeht, was nationale Regierungen umsetzen – denken wir nur an die vielen amerikanischen Bürgermeister*innen, die sich gegen die

Entscheidung des amerikanischen Präsidenten zur Einhaltung des Pariser Klimaabkommens verpflichten. Wir hoffen und sind guter Dinge, dass sich diese Wirksamkeit urbaner Zentren auch positiv auf den Schutz von Biodiversität und Ökosystemen auswirken wird.

Lizenz zum Pflanzen

Paris ist mit knapp 22 000 Einwohnern pro Quadratkilometer nicht nur eine der am dichtesten besiedelten Städte der Welt, sondern mit rund 50 Millionen Touristen jährlich auch eine der meistbesuchten. Straßenbäume hingegen gibt es nur ca. 100 000 und damit nicht mehr als in Stuttgart. Um dem dringenden Wunsch der Pariser nach mehr Grün zu begegnen, hat die Stadt einen Biodiversitätsplan erstellt. Er vergibt u. a. »Begrünungslizenzen« an Bürger. Die Folge: begrünte Baumscheiben und Verkehrsinseln, Pflanztröge auf Bürgersteigen und viele Urban-Farming-Projekte.

Und jetzt mal vor der eigenen Terrassentür gekehrt …

Zum Glück leben und arbeiten in Städten nicht alle Menschen in engen Häuserschluchten und Betonbunkern. Es gibt ausgedehnte Bereiche, in denen Gärten und Vorgärten das Bild bestimmen. Aber auch

Viel Geld, wenig Geschmack: Gärten des Grauens

hier ist nicht alles biodivers, was sich Garten nennt. Vom Wunsch nach »Pflegeleichtigkeit« getrieben, haben Pflaster und Kies Eingang in und »Unkraut« und »Ungeziefer« Auszug aus Stadtgärten gehalten. Unter dem Motto »Gärten des Grauens« findet sich auf Facebook, Instagram und Co. eine erfrischende Sammlung dieser oft skurrilen Interpretationen moderner Gartenbaukunst, die sich gegenseitig in Naturferne und Tristesse überbieten.

Für einen biodiversitätsnahen Garten tun Sie einfach das Gegenteil von dem, was Sie auf diesen Seiten sehen:

Vermeiden Sie Versiegelung. Jede Fläche, auf der Regenwasser versickern kann, hilft, Grundwasserspeicher zu füllen und Überschwemmungen zu vermeiden.

Schaffen Sie Nistmöglichkeiten und Schlupflöcher: Einheimische Sträucher und Hecken sind eine gute Alternative zum herkömmlichen Gartenzaun. Sie bieten Nahrung, Schutz und Nistmöglichkeiten für zahlreiche Wildtiere. Auch Ast- oder Laubhaufen bieten im Herbst den perfekten Unterschlupf für größere Tiere wie den Igel, aber auch für nützliche Insekten.

Verzichten Sie auf Laubsauger oder -bläser: Der Hamburger Tierschutzverein hat das Wirken dieser Geräte sehr gut zusammengefasst: »Eine Laubdecke schützt den Boden vor Kälte und Austrocknung und bietet die Möglichkeit zur Bildung wertvollen Gartenhumus. Das Wegblasen verbreitet nicht nur **Schimmelpilze, Sporen und Keime**, es zerstört auch wichtige Nahrungsgründe und Niststätten von Kleintieren und kann diese sogar verletzen oder töten.« Theoretisch führt das übrigens zur Verletzung der Verbotstatbestände nach § 44 Abs. 1 Nrn. 1 bis 3 des Bundesnaturschutzgesetzes. Darüber hinaus machen sie einfach furchtbaren Lärm und verbrauchen viel Energie, was nicht nur die Fauna (zer)stört, sondern auch Mitmenschen nervt.

Pflanzen Sie heimische Mischkultur: Im Garten gilt: möglichst von hier und möglichst divers. Mischen Sie, damit die Blühzeit möglichst lang ist. Und Blüte ist nicht gleich Blüte: So schön wir zum Beispiel gefüllte Blüten finden, so wenig nützlich sind sie für Insekten, denn die Blütenblätter (die aus ästhetischen Gründen in die Blüten gezüchtet wurden) locken zwar Insekten an, sie produzieren aber kaum Nektar oder Pollen und sind damit eher eine Mogelpackung für Biene, Fliege & Co. Dagegen freuen sich Schmetterlinge und Bienen besonders über blühende Kräuter und Wildblumen.

Einfach mal in Ruhe lassen. Zu häufiges Mähen verhindert das Entwickeln von Blüten und strukturreichen Lebensräumen. Wer nachts seinen Mähroboter laufen lässt, der schickt einen Igeltöter auf Pirsch, und zu häufiges Aufreißen des Bodens lässt den dort gespeicherten Kohlenstoff mit Sauerstoff reagieren und als CO_2 frei werden. Weniger Gartenarbeit ist also manchmal die bessere Alternative!

KAPITEL 7

In 80 Tagen um die Welt – Biodiversität und Reisen

Wir sind nicht nur das am weitesten verbreitete »große Tier«, sondern auch eines der mobilsten. Menschen reisen aus den unterschiedlichsten Gründen. Mal sind diese Reisen kurz und überbrücken nur geringe Distanzen, mal sind sie länger, und in einigen Fällen lassen wir uns nach einer Reise sogar dauerhaft an einem Ort fernab unserer ursprünglichen Heimat nieder.

Manchmal liegt der Grund für eine Reise in der atemberaubenden Biodiversität am Zielort, und manchmal merken wir gar nicht, dass es da, wo es uns hinzieht, nur schön und erholsam ist, weil die Natur uns wieder mal zu Diensten war. Sogar die Mücke tut indirekt etwas für unser Urlaubserlebnis, denn wo Mücken sind, ist's meist schön – nicht weil da Mücken sind, sondern weil es da viele Tiere gibt, die wir uns gerne ansehen (wie in den Afrikanischen Savannen-Nationalparks), oder viel Wasser (wie in Nordschweden). In beiden Regionen sind Mücken dann wiederum Anfangsglieder langer Nahrungsketten oder komplexer Nahrungsnetze, die das vielfältige Leben von Vögeln, Säugetieren, aber auch Fruchtbäumen erst möglich machen, das wir uns so gerne anschauen.

Welchen Nutzen eine reiche Biodiversität für unser Reisevergnügen hat, sollte auf der Hand liegen: Die Vielfalt an Lebensräumen, Ökosystemen, Landschaften und Klimaten, Fauna und Flora ist es schließlich, die uns immer wieder in die Ferne zieht. Und egal, ob wir aus Vergnügen, beruflichen oder familiären Gründen reisen: Auch am Reiseziel sind wir darauf angewiesen, dass die Natur uns leckeres Essen, sauberes Wasser, Schutz vor Überflutungen und all die anderen Dinge bereitstellt, die wir brauchen.

Das Erschreckende daran ist allerdings, dass Reisen quasi ein wandelnder Hotspot der Biodiversitätszerstörung sind – und das dummerweise nicht selten an besonders schönen Orten, an denen wir auch richtig viel anrichten können. Werfen wir ein Blick auf das Dilemma …

Platz da, jetzt komm ich – wie Reisen Biodiversität beeinflusst

Menschen sind neugierig und wohl von jeher auf der Suche nach neuen Horizonten. Selbst entlegene Inseln im Pazifik wurden bereits vor mehr als 5000 Jahren besiedelt – und zwar nicht zufällig von Schiffbrüchigen, sondern von Menschen, die sich absichtlich in Booten mit ihrem Hab und Gut auf den Weg »zu neuen Ufern«

Wasser Marsch

Auf der nordfriesischen Insel Amrum im Nationalpark Schleswig-Holsteinisches Wattenmeer leben etwa 2300 Menschen, die genau wie die 150 000 Übernachtungsgäste jährlich ihr Trinkwasser aus einer Süßwasserlinse unter der Insel beziehen. An einem einzigen Tag im Juli 2018 wurden dort mehr als 2,3 Millionen Liter Wasser verbraucht. Ohne den schützenden Wald auf der Insel und seine wichtigen Funktionen beim Speichern, Reinigen und Filtern des Regenwassers würde die Bereitstellung sauberen Trinkwassers auf der Insel irgendwann zum Erliegen kommen. Weil dann Trinkwasser mit dem Schiff nach Amrum kommen müsste, wäre Tourismus wie heute nicht mehr denkbar. Danke also an 200 Hektar Inselwald, der außerdem auch noch vor Erosion und Dünenwanderung schützt und Einheimischen und Gästen als Erholungsgebiet dient.

gemacht hatten. Viele Reisen sind auch heute noch von Neugier und dem Wunsch, einmal etwas anderes zu sehen, getrieben. Neugier ist auch der Antrieb für Wissenschaftstourismus, bei dem Wissenschaftler in ihre Forschungsgebiete reisen. Die meisten anderen Reisen erfüllen einen geschäftlichen Zweck oder sind Familienbesuche.

Egal, aus welchem Grund wir reisen, bestimmte Effekte auf Biodiversität sind allen Reisen gemein. Reisen brauchen eine entsprechende Infrastruktur, um das Ziel erreichen zu können (per Rad, Auto, Bahn, Schiff oder

Flugzeug) und um sich am Zielort aufhalten zu können (Hotel, Ressort oder Campingplatz). Die Bereitstellung solcher Infrastrukturen verbraucht Flächen, zerschneidet Lebensräume und trägt zu Ressourcenverbrauch und Klimawandel bei.

Der weltweite Tourismus hat aus zwei Gründen besonders große Auswirkung auf Biodiversität: Erstens ist der internationale Tourismus nicht nur einer der größten, sondern auch einer der am schnellsten wachsenden Wirtschaftssektoren. Mit 1,4 Milliarden internationalen Reisen und einem Wachstum von 6 Prozent im Vergleich zum Vorjahr schlug das Jahr 2018 alle Rekorde. Niemals wurden mehr Reisen in andere Länder unternommen als 2018, und selbst wenn die Corona-Krise dafür sorgen wird, dass der Wachstumstrend vorübergehend gebrochen ist, wird sich der Trend nach einer »Corona-Delle« vermutlich wieder fortsetzen. Also sucht die Branche nach immer neuen Destinationen oder versucht, immer mehr Menschen in den beliebten Regionen unterzubringen. Und zweitens, und das ist besonders ambivalent, wünschen viele Touristen sich besondere Naturerlebnisse, unberührte Natur und hautnahe Begegnungen mit seltenen Tieren. Es wollen also alle genau dahin, wo die Natur noch ungestört und häufig sehr empfindlich ist (und wir daher besonders vorsichtig sein müssen, um nichts kaputt zu machen).

Das führt oft zu der absurden Situation, dass touristische Einrichtungen mitten in sensible Ökosysteme gebaut werden, um die vermeintlich unberührte Natur zu erleben. Bei aller Liebe zu Naturerlebnissen werden dann aber meist doch auch Wassersportangebote und Komfort beim Baden erwartet, und so werden Mangroven oder Seegraswiesen zerstört, um weite, offene Strände zu schaffen, Anleger für Boote auf Korallenriffen gebaut oder Strandhotels direkt auf einem Schildkrötenstrand errichtet. Kommen die Touristen, gehen die Störungen weiter. Abwässer, Müll und Öl von Schiffsmotoren durch Touristenboote belasten küstennahe Ökosysteme und Strände genauso wie das unachtsame Ankerwerfen über Korallenriffen. Die Beleuchtung von Strandhotels irritiert Meeresschildkröten beim Aufsuchen ihrer Nistplätze und reduziert so ihren Bruterfolg. Menschen stören Tiere nicht nur, sie können auch Krankheiten auf Wildtiere – besonders andere Primaten – übertragen. Selbst eine einfache Erkältung etwa kann für einen Menschenaffen das Todesurteil bedeuten, weil für sein Immunsystem der Erreger so neu ist wie für uns das SARS- oder Coronavirus.

Und Touristen kommen oft in Scharen. Das Great Barrier Reef in Australien besuchen etwa 1,8 Millionen Touristen im Jahr. 85 Prozent von ihnen konzentrieren sich auf nur zwei Gebiete, die zusammen gerade einmal 130 000 feste Einwohner haben. Übrigens hinterlassen Badende geschätzte 14 000 Tonnen Sonnenmilch pro Jahr auf den Korallenriffen der Welt und nehmen dafür in ihren Strandmatten (unabsichtlich) so viel Sand mit, dass das zu einem echten Umweltproblem werden kann, weshalb das Auslegen normaler Badelaken in Sardinien sogar streng bestraft wird.[1]

Kaum aus dem Wasser raus, haben Touristen Lust auf Seafood und konsumieren in vielen Destinationen Fische und Schalentiere in einem Ausmaß, das lokal zu einer dramatischen Überfischung führt. Auf Island, das viele Touristen besuchen, um begeistert Wale zu beobachten, essen tatsächlich einige Touristen Walfleisch. Aber auch vor unserer Haustür gibt es kulinarische Absonderlichkeiten: So werden in Fischrestaurants auf Sylt in großer Menge Fische und Meeresfrüchte angeboten, die in Meeren oder Süßgewässern Tausende Kilometer von der Nordseeinsel entfernt gefangen wurden. Dabei passieren die dann übrigens meist den größten »Fischereihafen« Deutschlands – den Frankfurter Flughafen.

Diese kulinarische Belastung der Natur scheint ziemlich paradox, ist aber vielleicht so zu erklären: Anders als zu Hause, wo Essen oft nur der schnöden Nahrungsaufnahme dient, ist Essen auf Reisen Teil des Erlebnisses. Urlaubsstimmung und Sonnencreme-Geruch gehören ebenso dazu wie besonderes Essen, übergroße Portionen und Büfetts, unter denen sich die Tische biegen. »All you can eat« und das Gefühl »jetzt gönnen wir uns aber mal was« sind aber eben auch Synonyme für »schmeiß weg, was zu viel ist«. In der Folge machen Lebensmittel den größten Teil des Abfalls in Tourismusdestinationen aus, und die Verschwendung von Lebensmitteln wird zu einer der größten Herausforderungen für Hoteliers, Reiseveranstalter – und die Biodiversität, denn all die Lebensmittel mussten vorher gefangen, produziert, transportiert und zubereitet werden.

70 Jahre für die Tonne

Europäische Hummer *(Homarus gammarus)* können in Ausnahmefällen über 70 Jahre alt werden und sind dann immer noch topfit, denn anders als wir altern Hummer nicht. Das Geheimnis ewiger Jugend ist das Enzym Telomerase, das die Enden von Chromosomen (die Telomere) immer wieder erneuert. Bei uns wird mit jeder Zellteilung das Telomer kürzer. Irgendwann ist es so kurz, dass die Zellen sich nicht mehr teilen können. Sie altern und sterben ab. Bei Menschen findet man Telomerase nur in sich fortlaufend teilenden Zellen (z. B. im Knochenmark oder in Krebszellen). Und damit keine falsche Hoffnung aufkommt: Die Gabe von Telomerase würde uns kein ewiges Leben bescheren, sondern lediglich das Krebsrisiko stark erhöhen, denn auch mutierte Zellen, wie sie im Körper immer wieder auftreten, würden sich durch die Gabe von Telomerase immer weiter vermehren und sich damit zu einer Krebserkrankung entwickeln. Der Hummer hat die Sache wohl im Griff. Warum, weiß man noch nicht. Leider hilft ihm seine »ewige Jugend« nicht, wenn er für opulente Büfetts gefangen wird und am Ende vielleicht sogar in der Tonne landet.

Der Hummer – Deko auf vielen XXL-Büfetts, um dann auf dem Müll zu landen

Auch fernab der Meere verursacht (Massen)Tourismus Umweltprobleme. Für Berghütten oder Skipisten werden Wälder gerodet oder die fragile Pflanzendecke platt gewalzt. Unsere Alpen verzeichnen 120 Millionen Besucher im Jahr; wenn man die anderen europäischen Hochgebirgsregionen dazunimmt, kam man schon 2010 auf fast 173 Millionen Touristen. Allein in den Europäischen Alpen gibt es über 3000 Pistenkilometer, die das labile Ökosystem Gebirge massiv beeinträchtigen. Das ist ein riesiger Flächenverbrauch in einer Region mit wenig Platz und empfindlicher Natur.

Wenn am Ende der Reise noch Souvenirs gesammelt oder gekauft werden, die von seltenen, bedrohten oder übernutzten Tier- und Pflanzenarten stammen, ist das Biodiversitätsdrama perfekt.

Das vermiest einem ja ganz schön den Urlaub! Muss es aber nicht, denn all das ist nur ein Problem, solange sich der Tourismus ungezügelt und unreflektiert entwickelt. Es geht also nicht darum, Tourismus generell zu verteufeln, sondern darum, den wichtigen Wirtschaftszweig nachhaltig zu gestalten, damit imposante Tiere und wilde Natur nicht nur heute, ein einziges Mal, sondern auch in Zukunft und wiederholt besucht und bewundert werden können.

Verantwortungsvoll organisiert, kann Tourismus umgekehrt sogar der Grund dafür sein, dass Ökosysteme oder Arten überhaupt erst geschützt werden. In gewissem Maße ersetzt die Anwesenheit von Touristen Kontrollen durch Wildhüter oder Ranger, weil die schiere Präsenz der Touristen Wilderer abschreckt. Die

Corona-Pandemie ist ein tragisches »Feldexperiment«, um diese Hypothese zu testen: In Südafrika nahm die Wilderei auf Nashörner mit dem Lockdown im Frühjahr 2020 (und dem damit verbundenen Ausbleiben der Touristen) dramatisch zu. Auch in Kenia und Tansania wird mit einer Zunahme der Wilderei gerechnet, weil mit ausbleibenden Touristen auch Finanzmittel fehlen, um Wildhüter zu bezahlen. In vielen weiteren Regionen wird die Wilderei zunehmen, weil Touristen ausbleiben. Vielleicht weil Touristenführer versuchen, Einkommensverluste zu kompensieren, oder weil Geld aus dem Tourismus fehlt, mit dem Wildhüter bezahlt würden. Genaueres werden wir erst wissen, wenn nach der Pandemie die Forschung hierzu wieder anlaufen kann.

Lass mal sehen – was Tourismus für Biodiversität tun kann

Etwa 20 Prozent der Reisen, die Menschen unternehmen, sind Naturreisen, bei denen es vorrangig darum geht, besondere Landschaften, Tiere und Pflanzen zu entdecken. Wer Berggorillas, Blauwale oder Gnu-Wanderungen erleben möchte, die es eben in keinem Zoo der Welt zu beobachten gibt, der »muss« in die Regenwälder oder Savannen Afrikas reisen oder sich auf hohe See begeben. Das Gleiche gilt natürlich für Ökosysteme wie Wüsten, Savannen, Regenwälder, Canyons oder Bergmassive, die man nur vor Ort erleben kann.

Schneller, höher, weiter (draußen)

Ein gutes Beispiel für die Vereinbarkeit von Freizeitsport und Naturschutz finden wir im Nationalpark Berchtesgaden. Nationalparkverwaltung und Deutscher Gleitschirm- und Drachenflugverband haben dort freiwillige Vereinbarungen für den Schutz der Steinadler getroffen. Hierzu gehören Schutzzonen für brütende Steinadler, die von den menschlichen Fliegern gemieden werden, und Verhaltensregeln für das Aufeinandertreffen von Fliegern und Steinadlern. Vom Nationalpark geschulte Gleitschirmflieger beteiligen sich zudem an der für den Schutz wichtigen Datenaufnahme. So wird aus dem Freizeitsport ein aktiver Beitrag zum Naturschutz.

Die hohe Attraktivität von Biodiversität macht Regionen mit viel Natur inzwischen zu echten Tourismusmagneten. So sind unter den 50 schönsten Orten der Welt laut Condé Nast Traveller Magazin 49 Naturdestinationen.[2] Damit ist Biodiversität ein Treiber wirtschaftlicher Entwicklung. Etwa acht Milliarden Besuche (darunter auch Tagesausflügler) verzeichneten Naturschutzgebiete im Jahr 2015 weltweit. Sie generierten damit Einnahmen von geschätzten 600 Milliarden US-Dollar – 60-mal mehr als die 10 Milliarden US-Dollar, die im gleichen Jahr durch staatliche Stellen und Naturschutzorganisationen in sie investiert wurden!

In den USA sind »Natur- und Ökotourismus« seit Jahren unter den fünf wichtigsten Entscheidungsgründen bei der Auswahl einer Reisedestination zu finden, und 80 Prozent der Besucher des afrikanischen Kontinents gaben an, dass die Beobachtung von Wildtieren der Grund ihrer Reise war. In Indien wiederum ist die Möglichkeit, einen der letzten Königstiger zu sehen (und nicht etwa andere, ebenfalls attraktive Tierarten), für mehr als 60 Prozent der Touristen der eigentliche Antrieb, einen Nationalpark zu besuchen.

Chumbe Island, Sansibar

Chumbe Island ist eine nur 0,25 Quadratkilometer große Insel vor der Küste Tansanias. Weil die Insel lange militärisches Sperrgebiet war, gab es kaum Besucher und keine touristische Infrastruktur. Seit 1991 wurden Chumbe und sein vorgelagertes, unberührtes Korallenriff zu einem privaten, nicht gewinnorientierten Schutzgebiet entwickelt und vorsichtig für den Tourismus geöffnet. Die nur sieben Bungalows wurden nach hohen Nachhaltigkeitsstandards errichtet. Die Stromversorgung erfolgt über Sonnenenergie, für die Gewinnung von Süßwasser ist ein ausgeklügeltes Regenwassersammel- und Filtersystem installiert worden. Um den Wasserverbrauch zu reduzieren und den Brauchwassereintrag in das Korallenriff zu unterbinden, werden Komposttoiletten benutzt.

Chumbe Island Coral Park

Das Ziel des privaten Betreibers war es, exemplarisch ein skalierbares, wirtschaftlich tragfähiges Modell für nachhaltigen Tourismus mit positiven Effekten auf den Naturschutz zu entwickeln, von dem die lokale Bevölkerung durch Beschäftigung und Handel direkt profitiert. Diese Rechnung geht auf Chumbe Island auf!

Ob Wale, Gorillas oder Tiger – derart beliebte, weil »charismatische« Säugetiere stehen nur stellvertretend für die Biodiversität ihres Verbreitungsgebietes. Sie alle brauchen große Streifgebiete, die nicht nur ihnen, sondern einer Vielzahl anderer Organismen einen Lebensraum bieten. Tiger sind, genauso wie Löwen oder Eisbären, sogenannte Topprädatoren. Sie stehen am Ende

Topprädatoren – Garanten für Stabilität

langer Nahrungsketten, die durch sie stabilisiert werden. Fallen die Endglieder dieser Ketten aus, kommt der gesamte Ablauf im vorderen Teil der Kette durcheinander, beispielsweise weil kleinere Raubtiere überhandnehmen, wie wir am Beispiel der Überfischung des nordatlantischen Kabeljaus gesehen haben (siehe Kapitel 3).

Das Aussterben einer einzelnen Art ist immer viel mehr als »nur« der Verlust eines Lebewesens, es ist das Zeichen vorangehender Zerstörung und gleichzeitig der Beginn weiterer, nicht kalkulierbarer Veränderungen. Wollen wir also weiterhin faszinierende Natur beobachten, sollten wir sie durch schlaue Tourismuskonzepte erhalten!

Übergepäck: invasive Arten

Menschen und ihre Waren wurden auf ihren Reisen schon immer von lebenden Passagieren begleitet. Ob die an ihrem Reiseziel dann als fremd oder einheimisch bezeichnet werden, hängt vom »Reisezeitpunkt« ab. Ganz willkürlich hat man das Jahr 1492, als Kolumbus seinen Fuß in die »Neue Welt« setzte, zum Referenzjahr erhoben. Alle Organismen, die seitdem Gebiete abseits ihres ursprünglichen Lebensraums erreicht haben, bezeichnet man – unabhängig davon, ob es sich um ein Tier oder eine Pflanze handelt – als Neobiota. Etwa 1 Prozent (800 Arten) der in Deutschland vorkommenden Arten sind solche Neubürger. Die meisten von ihnen wurden absichtlich eingeführt, etwa das drüsige Springkraut (als Zierpflanze) oder der Waschbär (als Jagdwild). Zufällig kamen beispielsweise die Japanische Buschmücke – als blinder Passagier in der Flugzeugkabine – und die Chinesische Wollhandkrabbe im Ballastwasser von Schiffen. Verdrängen solche Arten alteingesessene, nennt man sie »invasiv«. In der EU sind das 66 Arten, von denen 13 Tier- und 11 Pflanzenarten in Deutschland etabliert sind (Stand 2019).

Wie man mit diesen Neubürgern umgehen soll, darüber sind sich Experten nicht ganz einig. »Ausrotten«, rufen die einen. Immerhin hat die Braune Nachtbaumnatter *(Boiga irregularis)*, so eine von den invasiven Arten, auf Guam 12 einheimische Vogelarten ausgerottet und durch ihre Vorliebe für Hochspannungsmasten als Ruheplätze Kurzschlüsse verursacht, die zu Schäden an Elektroinstallationen in Höhe von 4,5 Millionen US-Dollar jährlich geführt haben. »Ist die Mühe nicht wert«, sagen die anderen. Sie

Das drüsige Springkraut (rechts) wurde absichtlich eingeführt.

Die braune Nachtbaumnatter reiste als blinder Passagier im Flugzeug mit.

sind der Ansicht, dass wir das eingesetzte Geld und Fachwissen besser anderweitig (im Naturschutz) einsetzen sollten. Ein weiteres Argument dieser Fraktion: Eventuell sind neu eingeführte Arten in Zeiten abnehmender Biodiversität sogar eine Chance für die Natur, mit stark veränderten Umweltbedingungen besser umgehen zu können.

Egal, wie diese Fachdiskussion ausgeht: »Lassen Sie Ihr Gepäck nicht unbeaufsichtigt« gilt auch beim Schutz von Biodiversität, Arten und nicht zuletzt von uns Menschen.

KAPITEL 8

Wo nimmt sie nur die ganze Energie her? – Biodiversität und Energie

Damit der Laden läuft, brauchen wir Energie. Das gilt für jede einzelne Zelle unseres Körpers, für den Wecker, der uns morgens aus dem Schlaf holt, für den Laptop, auf dem wir unsere Mails checken, für unsere Heizung und für Tausende technische Prozesse, die unsere Weltwirtschaft am Laufen halten. Jahr für Jahr verbrauchen wir mehr davon.

2018 lag der weltweite Energiebedarf der Menschheit bei einem Rekordwert von 14 301 Megatonnen Öleinheiten. Selbst die Wachstumsrate, mit der unser Energieverbrauch ansteigt, nimmt zu – sie war 2018 etwa doppelt so hoch wie 2010. Absurderweise lag dieser rapide Anstieg nach Aussage der Internationalen Energieagentur auch daran, dass in immer mehr Ländern der Erde der Bedarf an zusätzlicher Kühlung steigt – ein Effekt des Klimawandels, der wiederum mit dem erhöhten CO_2-Ausstoß durch steigende Energienutzung zusammenhängt. Da beißt sich die Katze in den Schwanz …

Wir sind nicht die Einzigen, die Energie benötigen, um zu leben. Alle lebenden Organismen sind von Energie abhängig. Definiert ist Leben ja auch dadurch, dass Stoffwechselprozesse ablaufen – und dafür braucht man Energie. In Kleinstlebewesen, Pflanzen und Tieren haben sich ausgetüftelte Prozesse zur Energiegewinnung, -umwandlung und -speicherung entwickelt, von denen wir in vielerlei Hinsicht profitieren.

Lebende Energieträger

Lange bevor Erdöl als universelles Schmiermittel unsere Weltwirtschaft am Laufen hielt, nutzte man für viele Prozesse tierische Fette. Um 1850 importierten allein die USA fast 40 Millionen Liter Walöl, hauptsächlich um daraus Lampenöl und Schmierstoffe herzustellen. Weil Walöl auch die Grundlage für die Herstellung von Nitroglyzerin war, spielte es im Ersten Weltkrieg eine wichtige militärische Rolle. Aber auch andere Tiere wie der ausgestorbene Riesenalk *(Pinguinus impennis)* oder die ebenfalls ausgestorbene Wandertaube *(Ectopistes migratorius)* wurden als billiger Brennstoff verwendet.

Als im Jahr 2012 ein Pottwal an der belgischen Küste strandete, entschloss man sich nicht für eine einfache Entsorgung des Kadavers, sondern für dessen energetische Nutzung. Immerhin bestand das 25 Tonnen schwere Tier zur etwa der Hälfte aus Fett, aus dem Biokraftstoff raffiniert werden konnte, der 50 000 Kilowattstunden Strom liefern konnte – genug, um 14 Haushalte ein Jahr lang mit Strom zu versorgen.[1]

Aus Luft und Liebe?

Basis fast aller Biomasse auf unserer Erde ist die Energie der Sonne. Pflanzen nutzen sie, um in Verbindung mit Wasser und CO_2 über **Photosynthese** Kohlenhydrate zu produzieren und Sauerstoff freizusetzen.

Durch die Photosynthese sind Pflanzen autotroph, das heißt, sie können aus wenigen einfachen Molekülen komplexe organische Verbindungen aufbauen – eine Wahnsinnsleistung, die der Mensch bisher noch nicht technisch ausgereift nachbauen kann (mehr dazu in Kapitel 9). Nur ganz selten produzieren Einzeller übrigens Biomasse ohne Licht – einen Prozess, den man Chemosynthese nennt und der zum Beispiel in der Tiefsee stattfindet. Ohne Photosynthese gäbe es kaum Leben auf unserem Planeten und uns ganz sicher nicht.

Da Sonnenlicht zumindest auf der Erdoberfläche im Überfluss vorhanden ist, lastet kein evolutiver Druck auf Pflanzen, aus der empfangenen Sonnenenergie so viel wie möglich herauszuholen. Es verwundert also nicht, dass der Wirkungsgrad der Photosynthese sehr niedrig ist. Nur ganz wenige Pflanzen in den Tropen erreichen Werte von einem Prozent (in extremen Wachstumsphasen manchmal bis knapp über vier Prozent). Meist liegen die Werte wesentlich darunter. Der Rest der Sonnenenergie wird reflektiert oder absorbiert, aber nicht in Kohlenhydrate verwandelt.

Auch wir Menschen nutzen die Sonne noch nicht sehr effektiv: Obwohl sie de facto unerschöpflich ist, nutzen wir die Sonnenenergie derzeit nur für rund zwei Prozent unseres Energiebedarfs. Dabei liefert die auf der Erde auftreffende Sonnenenergie je nach Rechenmodell etwa 3000- bis 10 000-mal so viel Energie, wie die Menschheit im Moment für technische Prozesse benötigt. Dass wir keine Photosynthese beherrschen, ist sicher eine Erklärung für dieses verschenkte Potenzial.

Grüne Energie

Bei der Photosynthese wird Sonnenlicht zunächst von Farbstoffen absorbiert, in den meisten Pflanzen ist es das grüne Chlorophyll. Damit aus CO_2 Zucker wird, muss an dieses Molekül irgendwie noch Wasserstoff (H_2) angedockt werden. Der kommt bei den meisten Pflanzen aus Wasser (H_2O). Vereinfacht gesagt, werden so aus 6 CO_2 und 6 H_2O und Sonnenenergie ein Zucker ($C_6H_{12}O_6$) und 6 O_2. Der freigesetzte Sauerstoff kommt aus dem Wasser und nicht aus dem Kohlendioxid. Übrigens: Weil Chlorophyll für Pflanzen so wertvoll ist, recyceln sie es im Herbst. Dann werden andere Blattfarbstoffe sichtbar, das Laub färbt sich orangerot.

Essenziell für die Photosynthese ist das grüne Chlorophyll der Blätter.

Wunderlampe aus der Tiefe

Taucht man tief genug, hat man die Chance, auf Wunderlampen zu stoßen, die zwar keine wunscherfüllenden Genies enthalten, dafür aber auf wundersame Weise unter Wasser leuchten, ganz ohne Öl und Steckdose. Diese »Wunderlampen« sind zwei Arten sehr kleiner (< 8 cm), die Tiefsee bewohnender Kopffüßer aus der Gattung *Lycoteuthis*. Sie erzeugen Licht in Leuchtorganen, die sich um ihre Augen und in ihrem Mantel befinden (der »Mantel« ist kein Kleidungsstück, sondern der Rückenteil dieser Tintenfische). In der dunklen Tiefsee hilft das Leuchten, die Körperkonturen aufzulösen und damit Feinde zu verwirren. Gleichzeitig wird dadurch Beute – und vielleicht auch der Partner – angelockt.

Kaltes Licht, heißer Käfer – ein Glühwürmchen bei Nacht

Das Leuchten der Wunderlampen entsteht nicht durch »Verbrennung«, sondern durch eine andere chemische Reaktion, bei der das Molekül Luciferin und Sauerstoff reagieren. Dies geschieht mit katalytischer Hilfe des Enzyms Luciferase und dem Energieträger der Zellen, Adenosintriphosphat (kurz ATP). Diese Reaktion setzt keine Wärme frei, erzeugt also »kaltes Licht«, und findet in symbiontischen Leuchtbakterien, die in den Leuchtorganen leben, statt. Vom »Wirtsorganismus«, der die Bakterien auch ernährt, wird das Leuchten über die Zugabe des notwendigen Sauerstoffs gesteuert. Geschätzte 90 Prozent aller Organismen der Tiefsee leuchten auf diese Weise.

Aber nicht nur unter Wasser gibt es diese leuchtenden Spezialisten. Auch Glühwürmchen nutzen das Prinzip, und davon haben auch wir etwas: Aus ihrem Luciferin-Luciferase-System wurde ein Schnelltest zum Nachweis von ATP in Lebensmitteln entwickelt.[2] Weil nur lebende Organismen ATP produzieren, deutet ihr Nachweis in Lebensmitteln auf Kontaminierung mit lebenden Bakterien hin. So können verunreinigte Lebensmittel erkannt und rechtzeitig aus dem Verkehr gezogen werden.

Ausgehend von den Pflanzen, wird die durch Photosynthese erzeugte Energie dann in der Nahrungskette weitergegeben. Mit ganz wenigen Ausnahmen, die auf Chemosynthese basieren, nehmen alle Nahrungsketten ihren Anfang bei der Produktion von organischen Molekülen aus Sonnenenergie. Dabei kann eine Nahrungskette sehr kurz sein – etwa von Akazie bis Elefant. Sie kann aber auch ziemlich lang sein, von der einzelligen Alge, die von einer winzigen Krebsart gefressen wird, der dann von einer anderen, größeren Krebsart verspeist wird, die wiederum einer kleinen Fischart als Nahrung dient, der von einem großen Fisch gefressen wird, der sein Ende im Bauch eines Wals findet. Weil die Natur nicht linear verläuft – die Alge also vielleicht direkt vom Fisch gefressen wird, der dann von einem Albatros gefressen wird, der dann doch im Wal endet –, spricht man richtiger von »Nahrungsnetzen«. Als Faustregel gilt: Von jedem Glied dieser Kette zum nächsten kommen nur 10 Prozent der Energie an. Der Rest verpufft als Wärme oder wird mit Stoffwechselendprodukten (wie Urin oder Kot) ausgeschieden.

Dieses große Fressen endet aber nie einfach beim größten Tier. Der Wal wird womöglich in einem Walburger verarbeitet (wir wollen es nicht hoffen!), der von einem Menschen gegessen wird, der dann aber auf der Terrasse des Hafenrestaurants von einer Mücke gestochen wird und so weiter ... Selbst wenn der Wal friedlich im Meer stirbt, machen sich anschließend Aasfresser und Destruenten (winzige Lebewesen, die alles organische Material wieder in kleinste Bauteile zersetzen) über ihn her. Zusammen mit Sonnenlicht kann dann aus den Molekülen des Wals wieder neues Leben entstehen.

Weil Nahrungsketten und Nahrungsnetze ihren Anfang bei der Umwandlung von Sonnenenergie in organisches Material haben, sind also alle Lebewesen – auch wir – »100 % solar powered« (wenn wir mal von technischen Hilfsmitteln wie Herzschrittmachern absehen). Unsere Energie nehmen wir über die Nahrung auf – und da leistet Biodiversität, wie wir in Kapitel 3 gesehen haben, Unersetzliches. An dieser Stelle sei nur noch mal erwähnt: Wenn wir vielfältigere Energiequellen (also diverse Nahrungsmittel) nutzen, die eine reiche Biodiversität liefert, leben wir auch gesünder und müssen uns vor allem keine Gedanken darüber machen, ob wir alle Stoffe in der richtigen Zusammensetzung zu uns genommen haben. So bleibt viel Energie für anderes.

Und apropos Effizienz der Energieaufnahme, also letzten Endes der Verdauung: Die unterscheidet sich von Tier zu Tier gewaltig. Wer Fleischfresser ist, dem genügen Magensäure und Enzyme, um an die Energie in seiner Beute zu gelangen. Fleisch ist nämlich leicht verdaulich. Anders als tierische Zellen sind pflanzliche von einer Zellwand umgeben. Die macht es schwierig, an die Energie in ihrem Inneren heranzukommen. Reine Pflanzenfresser verfügen daher über Gärkammern, in denen Bakterien ihnen beim Verdauen helfen. Die können entweder ein langer Blinddarm (Kaninchen) oder mehrere Mägen (Wiederkäuer wie Kühe oder Giraffen) sein. Pflanzenfresser, die beides nicht haben, müssen sehr groß sein. Elefanten und die großen, Pflanzen fressenden Dinosaurier sind Beispiele hierfür. Diese großen Tiere haben oder hatten ein sehr günstiges Oberflächen-Volumen-Verhältnis. Wärme, die sie im Zuge diverser Stoffwechselprozesse produzieren, können sie relativ schlecht abgeben. Pro Kilogramm Körpergewicht brauchen sie damit viel weniger Energie als Wirbeltiere am anderen Ende des Größenspektrums, wie die Hummelfledermaus oder die Zwergspitzmaus. Der Effekt ist so immens, dass man von Gigantothermie spricht – und damit übrigens auch eine Erklärung dafür hat, warum große Dinosaurier nicht »kaltblütig« gewesen sein können.

Energie aus der Vergangenheit

Aber nicht nur unsere Körper werden durch Sonnenenergie betrieben. Auch die verbreitetste Energiequelle für unsere Industrie, unsere Mobilität und unseren

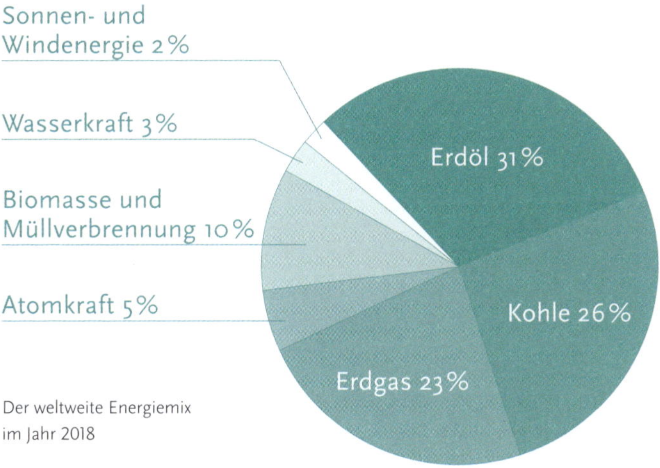

Der weltweite Energiemix
im Jahr 2018

Alltag – fossile Energie aus Erdöl und Erdgas – basiert letztlich auf »altem« Sonnenlicht. Um das zu verstehen, muss man sich ins Gedächtnis rufen, wie unsere großen Erdöl- und Erdgaslager entstanden sind. Vor circa 20 Millionen Jahren (für Erdgaslager) beziehungsweise vor circa 400 Millionen Jahren (für Erdöllager) haben marine einzellige Algen durch Photosynthese Biomasse aufgebaut, die nach dem Tod der Algen auf den Meeresboden gesunken ist. Dort entstanden, wenn Meeresströmungen fehlten, oft sauerstoffarme oder gar -freie Zonen, die den Abbau dieser Biomasse verhinderten (das ist natürlich nur ein Teil der Wahrheit, weil danach noch allerhand passiert, etwa die Ablagerung weiterer Sedimente, in die später Öl und Gas potenziell hineinwandern, aber diese Prozesse sind größtenteils abiotisch). So entstand Faulschlamm, der über

Brennende Ölplattform: Die wahre Katastrophe geschieht unter Wasser.

Jahrmillionen zu Erdgas beziehungsweise Erdöl wurde. Diese uralten biologischen Prozesse sind die Basis für 80 Prozent unserer heutigen Energieversorgung. Rechnen wir noch die 10 Prozent dazu, die über Biomasse und Abfall (der auch zu einem großen Teil organisch ist) gewonnen werden, dann basiert unsere Energieversorgung zu 90 Prozent auf der Leistung (ehemaliger) Ökosysteme!

Der Haken an der Sache ist bekannt: Auch wenn über diese lange Zeit wirklich gigantische Kohlenstoffspeicher entstanden sind (die wir zum Schaden unseres Klimas seit gut 150 Jahren verbrennen), sind diese Lagerstätten nicht unerschöpflich – und weil die Entstehungsprozesse im Vergleich zur Nutzung so langsam ablaufen, sind es eben auch keine erneuerbaren

Energieträger. Auf der ständigen Suche nach neuen Reserven dieses endlichen Rohstoffs dringen wir in immer entlegenere und schwerer zugängliche Gegenden vor – die Tiefsee oder die Antarktis – und damit in Extremlebensräume, die eine einzigartige, hochsensible Biodiversität beherbergen. Die Gefahren im Falle eines Förderunfalls sind immens. Das Bohrunglück der Deep Water Horizon im Golf von Mexiko 2010 hat uns einen Eindruck davon gegeben. Was passiert, sollte so etwas unter der arktischen Eisdecke passieren, mag sich keiner ausmalen.

Alles im grünen Bereich?

Aber wir haben uns etwas einfallen lassen, um diesen langen Entstehungsprozess abzukürzen – die Biogasanlage. Hier werden frisch geerntete Pflanzen zu Biogas vergoren. Wir können also Sonnenenergie in Form von Gas speichern und später zum Beispiel im Verbrennungsmotor in Bewegungsenergie umwandeln. Klingt eigentlich nach einer guten Idee. So gut, dass viel Förderung in diese Methode gesteckt wurde. Problematisch ist auch hier das gewaltige Ausmaß unseres Energiebedarfs, der rasch dazu führte, dass nicht allein Pflanzenabfälle genutzt wurden, sondern inzwischen auf riesigen Flächen Pflanzen ausschließlich dafür angebaut werden, um daraus Strom oder Wärme zu gewinnen. Schon heute dienen weltweit mehr als 60 Millionen Hektar landwirtschaftlicher Fläche der Erzeugung von Energiepflanzen wie Mais, Raps oder Zuckerrohr/Zuckerrüben. Prognostiziert wird eine Verdopplung dieser

Fläche bis 2050.[3] Und während viele Menschen beim Kauf von Lebensmitteln bereit sind, für biologischen Anbau mehr zu bezahlen, ist die Lobby für einen öko-zertifizierten Biospritanbau noch sehr klein. Energiepflanzen werden daher fast nie biodiversitätsfreundlich angebaut.

Aber es gibt noch eine weitere Alternative zu fossilen Energien, nämlich den Umstieg auf Energiequellen, die endlos vorhanden und erneuerbar sind wie Sonnenenergie, Wind- oder Wasserkraft. Wenn wir hier mit Bedacht vorgehen, werden sie zur echten Alternative, aber die Betonung liegt entschieden auf »mit Bedacht«. So verursachen Windkraftanlagen im Meer (sogenannte Offshorewindparks) ähnlich wie große Ölbohrplattformen im Bau und im Betrieb viel Lärm, auf den besonders Wale, aber auch andere maritime Lebewesen sehr empfindlich reagieren. Er kann zu Störungen des Fortpflanzungs-, Ruhe- und Wanderverhaltens führen – von der Zerstörung empfindlicher Ökosysteme am Meeresgrund ganz zu schweigen. Im Betrieb an Land können Windkraftanlagen für Vögel und Fledermäuse zum Problem werden. Vögel schätzen die Geschwindigkeit der Rotorblätter falsch ein, jagende Greifvögel nehmen sie nicht wahr, wenn sie auf der Jagd nach bodenlebenden Kleinsäugern sind. Beleuchtete Rotorblätter oder Windkraftmasten irritieren Vögel oder Fledermäuse und locken sie manchmal sogar an. Bei der Bewertung der Todeszahlen ist allerdings die Relation wichtig: Auch wenn jeder durch Windkraftanlagen getötete Vogel (ca. 100 000 Individuen pro Jahr)[4] einer zu viel ist, sterben allein in Deutschland geschätzte 18 Millionen Vögel an Glasfassaden und bis zu 2,8 Millionen an Stromleitungen.[5] Und jede unserer Hauskatzen tötet 5 bis 20 Vögel im Jahr, was bei etwa acht Millionen Stubentigern in Deutschland eine ganz andere Dimension aufweist.[6]

Neben Windkraft ist Wasserkraft ein wichtiger regenerativer Energielieferant. Besonders in Afrika, Asien und Lateinamerika existiert ein gewaltiges Potenzial zu ihrer Nutzung. Aber auch hier gilt: »Vorsicht!« Schon heute erreichen weniger als ein Viertel der großen Flüsse überhaupt noch unreguliert die Weltmeere. Weil der Zufluss von Wasser, Sedimenten, Nährstoffen und Lebewesen für funktionierende Ökosysteme in Flussdeltas und Küsten lebensnotwendig ist, ist damit immer eine Beeinträchtigung verbunden, die mal stärker, mal weniger stark ausfällt. Werden neue Dämme entlang des Mekong, Amazonas oder Kongo wie geplant gebaut, bedrohen diese Vorhaben schätzungsweise ein Drittel aller Süßwasserfische der Welt.[7] So wünschenswert und wichtig es also ist, den wachsenden Energiebedarf auch in Entwicklungs- und Schwellenländern mit erneuerbaren Energien zu decken, so wichtig sind der genaue Blick auf die Folgen und die gleichberechtigte Einbeziehung lokaler Bevölkerung in die Planung solcher Projekte.

Wir sehen: Selten ist irgendetwas, was der Mensch macht, ganz ohne (negative) Auswirkungen auf die Natur. Unterm Strich wäre der Umstieg von brauner auf grüne Energie mit Blick auf die Biodiversität dennoch ein sinnvoller Schritt, zumal auch das Klima davon profitieren würde. Was wir zusätzlich brauchen, sind natürlich eine höhere Energieeffizienz und vor allem ein drastischer Rückgang unseres Energieverbrauchs, denn nur so können Eingriffe in die Natur auf ein Mindestmaß reduziert werden.

Von den Besten lernen

Die Steigerung der Energieeffizienz wäre also *eine* sinnvolle Lösung für den Konflikt »Energiebedarf vs. Umweltschäden« – und da lassen uns manche Tiere staunen. Anders als Pflanzen, deren Energielieferant, die Sonne, quasi unendlich zur Verfügung steht, sind Tiere oft unübertroffene Energiesparer, ganz einfach, weil Energie für sie ein knappes Gut ist.

Die stromlinienförmige Gestalt von Delfinen beispielsweise vermindert nicht nur den Wasserwiderstand – über Druckrezeptoren in der Haut erspüren die Tiere auch Turbulenzen und gleichen diese durch die Bewegung feiner Hautrillen aus. So bewegen sie sich mit weniger Widerstand im Wasser und brauchen deshalb weniger Energie.

Pinguine dagegen verfügen – wen wundert's – über ein ziemlich ausgeklügeltes Wärmeenergie-System. Sie frieren mit ihren Füßen nicht auf dem Eis fest, weil sie durch ein Gegenstromprinzip warmes Blut aus dem Körperinneren an kaltem Blut aus den Füßen entlangfließen lassen. Pinguinfüße werden so auf nur ein bis zwei Grad über dem Gefrierpunkt erwärmt, wodurch das Eis unter ihren Füßen nicht schmilzt und die Füße entsprechend nicht festfrieren. Klingt nach kalten Füßen? Stimmt, aber es ist auch unglaublich energieeffizient!

Massive Umwelteingriffe für Ökostrom? Der Hoover Dam in den U.S.A.

Auch die Stand-by-Funktion gab es lange vor dem Fernseher. Winterschlaf, bei dem alle Stoffwechselprozesse extrem reduziert werden und die Körpertemperatur stark abgesenkt wird (z. B. beim Murmeltier); Winterruhe, bei dem die Körpertemperatur relativ hoch bleibt und die von kurzen Wachphasen unterbrochen wird (z. B. beim Braunbären); und Torpor, eine Art Mini-Winterschlaf, in den zum Beispiel manche Fledermäuse oder Kolibris in ihrer Ruhephase verfallen, sind die zoologischen Äquivalente für die Stand-by-Funktion vieler Elektrogeräte.

Manche solcher Ansätze aus der Natur können wir nachbauen und so zur Steigerung der Energieeffizienz in technischen Systemen nutzen. Und das bringt uns zum nächsten Thema ...

KAPITEL 9

Daten, Schrauben, Wissenschaft – Biodiversität und Technik

Natur und Technik – das ist nur scheinbar ein Gegensatzpaar. Tatsächlich ist Biodiversität auf vielfältigste Weise mit Technik verknüpft. Die zahlreichen Experten aus der Natur, die auf unterschiedlichste ökologische Anforderungen spezialisiert sind, sind großartige Vorbilder für viele unserer technischen Herausforderungen. Haben Sie sich schon mal gefragt, warum diese tolle Autoreinigung »Lotuswäsche« heißt, warum die Tragflächen von Flugzeugen an den Spitzen nach oben gebogen sind (und bei wem das wohl auch so ist) und ob wir das Pferd nicht von hinten aufzäumen, wenn wir sagen, dass der Pinguin eine Torpedoform hat? Ganz genau: Da haben wir uns was abgeschaut …

Ach, so geht das! – Natur imitieren

Wir können davon ausgehen, dass Menschen sich schon immer von der Natur inspirieren ließen und neugierig fragten, was es bräuchte, um zu schwimmen wie ein

Fisch oder zu fliegen wie ein Vogel. Unsere frühen Vorfahren besaßen schlicht nicht die technischen Möglichkeiten, solchen Fragen mit entsprechenden Experimenten auf den Grund zu gehen. Leonardo da Vinci machte sich im 15. Jahrhundert über das Fliegen aber schon sehr detaillierte Gedanken. Weil es mit dem Anbinden von flügelähnlichen Gestellen nicht getan war, ließen zunächst einige waghalsige Luftfahrtpioniere ihr Leben, bis der Traum vom Fliegen wahr wurde.

Der Jules Verne der Weser

Der *Steinhuder Hecht*, eine Mischung aus Segelboot und U-Boot, den der deutsche Marineoffizier Jakob Praetorius 1762 entwarf, ist vielleicht der Archetypus des Versuchs, Natur technisch zu kopieren. Trotz der Segel sollte das Boot bei Bedarf tauchen und von einer Schwanzflosse angetrieben werden. Als Postschiff sollte es zwischen der Weser und Lissabon hin- und herfahren. Der Steinhuder Hecht sieht zwar äußerlich einem Fisch recht ähnlich, wurde so aber nicht automatisch ein besseres Boot. So einfach kann man die Natur also nicht kopieren.

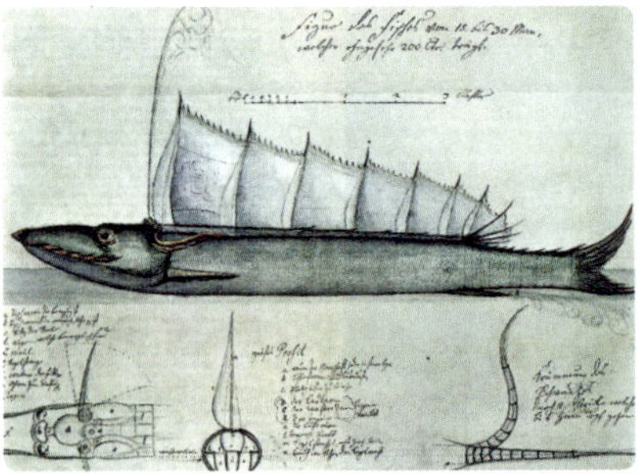

Steinhuder Hecht

Inzwischen ist aus dem Versuch, Natur einfach zu imitieren, ein interdisziplinäres und sehr erfolgreiches Forschungsfeld geworden – die Bionik. Hier suchen Biologen*innen, Ingenieur*innen, Designer*innen und Vertreter*innen anderer Disziplinen systematisch nach Inspirationen aus der belebten Natur, um Lösungen für technische Herausforderungen zu finden.

Dabei verfolgen Bioniker*innen zwei Ansätze. Beim ersten sucht man eine Lösung für ein bestehendes technisches Problem in der Natur und überträgt es. Um 1920 hatte der österreichische Botaniker Raoul Heinrich Francé ein solches Problem: Er wollte organisches Material gleichmäßig auf einen Acker verteilen und fand dazu kein passendes Werkzeug. Als Botaniker suchte er nach einer Lösung im Pflanzenreich und wurde bei der Mohnkapsel fündig. Durch die kreisförmigen Poren der Kapsel werden ihre Samen gleichmäßig am Boden verteilt. Francé fand die Lösung so inspirierend, dass er sie 1920 in seinem Buch »Die Pflanze als Erfinder« publizierte – die Idee des Streuers für Haushalt und medizinische Zwecke war geboren.

Ein anderes Beispiel ist die Suche nach effizienten Filtern für Mikroplastik, das unter anderem aus Waschmaschinen über Abwässer in Flüsse und die Meere gelangt. Das Vorbild für diese Filter findet man auch im Meer: Tiere wie Schwämme, Muscheln, Krebse, aber auch manche Fische und Wale ernähren sich von winzigem Plankton, das sie mit eigenen Filtern aus dem Meer fischen. Weil immer mehr kleine Plastikteilchen im Meer schwimmen, filtern diese Tiere zunehmend auch Kunststoffe aus dem Wasser. Das ist für die Tiere, in deren Mägen sich so immer mehr Plastik ansammelt, hochproblematisch. Dieses Ökodrama ist aber gleichzeitig vielleicht auch ein Schritt zur Lösung: Schaut man sich nämlich diese tierischen Filtermethoden ganz genau an, kann man sie vielleicht nachbauen, in Waschmaschinen integrieren und so den Eintrag von Mikroplastik in unsere Gewässer verhindern.

Der zweite Ansatz der Bionik ist der, die Natur nach überraschenden Phänomenen zu durchforsten und im Nachgang zu überlegen, ob sich daraus nicht eine interessante technische Anwendung entwickeln lässt.

Ein geradezu klassisches Beispiel hierfür ist die Erforschung und technische Umsetzung des Lotuseffekts. Das Lotusblatt ist im Buddhismus das Symbol für Reinheit – und das aus gutem Grund. Egal, was man auf ein Blatt dieser Wasserpflanze aufbringt, etwas Regen genügt, und das Blatt ist wieder sauber. Bekannt ist dieser Effekt Menschen im Verbreitungsgebiet der Lotuspflanze sicher schon lange, dem Trick dahinter kam man aber erst auf die Spur, als die Blätter mit dem Rasterelektronenmikroskop untersucht wurden. In dessen bis zu 100 000-facher Vergrößerung zeigte sich, dass die Nanostruktur der Lotusblätter nicht, wie man vielleicht annehmen würde, besonders glatt ist, sondern eher einem »Plastikflokati« ähnelt und Verschmutzungen und Wasser damit wenig Haftungsfläche, nämlich nur an der Spitze der einzelnen »Flokatihaare«, bietet.

Weil diese Strukturen obendrein noch wasserabweisend sind, so perlt jeder Wassertropfen von ihm ab und nimmt dabei alle Schmutzteilchen mit. Für die Pflanze hat das den Vorteil, dass selbst Pilzsporen oder Algen nicht auf dem Blatt wachsen können, was beispielsweise Schimmelbildung verhindert. Außerdem wird so die Photosynthese, die am besten bei einem sauberen Blatt funktioniert, nicht beeinträchtigt. Ganz andere Nutzungen haben sich in der technischen Anwendung des Lotuseffekts durch den Menschen ergeben: Auf Lacke und Anstriche übertragen, lässt dieses Prinzip selbstreinigende Oberflächen entstehen, die wir überall da gebrauchen können, wo Schmutz inakzeptabel ist.

Wassertropfen auf Lotusblatt

Lotuseffekt schematisch

Auch wenn Bionik systematisch vorgeht und sucht und sucht und sucht, spielt bei den meisten Entdeckungen und Anwendungen bislang der Zufall eine große Rolle. Wenn wir bedenken, wie wenig wir über den Artenreichtum unserer Erde wissen und wie viel weniger über die Prozesse und Kniffe der Natur, dann wird klar, Biodiversität kann uns sicher noch viel mehr helfen, gerade bei technischen Herausforderungen. Dafür nur ein paar Beispiele:

1. Selbstorganisation: aus einer Zelle einen ganzen Organismus aufbauen? Kein Problem für die Natur. Anders als beim neuen Kleiderschrank ist die Aufbauanleitung immer dabei und gut lesbar!
2. Kreislauf und Modularität: aus wenigen Bauteilen alles machen, ohne Reste und giftigen Abfall? Kernkompetenz für die Natur – für uns bislang eine riesige Herausforderung.
3. Selbstheilung: Knochen zerbrochen, Haut zerschnitten? Das kriegt die Natur wieder hin. Wenn's nicht gerade ein Säugetier ist, können sogar ein ganzes Bein oder alle Zähne ersetzt werden.
4. Haltbarkeit: 100 Jahre für einen Menschenzahn? Klar, warum nicht! Man muss sie halt nur pflegen.

Wir haben noch viel zu lernen ...

Seebär in Funktionswäsche

Südafrikanische Seebären *(Arctocephalus pusillus)* sind im Meer zu Hause. Für die Geburt ihrer Jungen müssen sie aber wie alle Robben an Land kommen, weil die Jungtiere noch nicht gut schwimmen können. Hieraus ergeben sich für den Nachwuchs einige »technische Herausforderungen«. Während im kalten Meerwasser eine Fettschicht unter der Haut den besten Schutz vor Unterkühlung bietet, kann solch ein »natürlicher Taucheranzug« an Land zu Überhitzung führen. Zusätzlich sind Jungseebären mit einem dichten, drahtigen und leicht gelockten Fell ausgestattet – und das bei Außentemperaturen, die im südlichen Afrika und der Südküste Australiens (wo sie trotz ihres Namens auch vorkommen) ganzjährig so hoch sind wie bei uns nur im Sommer.

Abkühlen im Wasser wäre zu gefährlich, und auch Schatten gibt es an den Stränden nicht. Forscher fanden heraus, dass das Fell der Seebären sich deshalb zwar auf bis zu 80 Grad Celsius aufheizt, die Körpertemperatur der Tiere interessanterweise aber stets unter 38 Grad bleibt. Grund dafür scheint die Struktur der Haare zu sein, die eine Luftzirkulation innerhalb des Fells erlauben. Diese verhindert, dass die Hitze die Haut erreicht. Gleichzeitig schützt das Fell aber auch vor Unterkühlung, wenn starker Wind und niedrigere Temperaturen zum Problem werden könnten. Bekleidungshersteller überlegen jetzt, wie man diese Struktur in Funktionswäsche für Sportler einbauen könnte.

Geht's auch ohne? – Biodiversität ersetzen

Wenn es uns gelänge, elementare Vorgänge aus der Natur perfekt nachzubauen, mag einer nun einwenden, dann bräuchten wir diese ganze Biodiversität doch gar nicht so dringend. Wir machen das dann einfach selbst!

Das kann doch nicht so schwer sein ...

Im Jahr 1987 startete in Arizona das Experiment, die Biosphäre der Erde (Biosphere 1) modellhaft durch eine künstliche Biosphäre (Biosphere 2) zu ersetzen. Auf 1,6 Hektar und finanziert mit 200 Millionen US-Dollar aus dem Vermögen des Öl-Milliardärs Edward Bass wurde ein Gebäude aus Glas und Stahl errichtet. Künstliche Ökosysteme sollten in ihm ein autarkes Leben für acht Menschen dauerhaft möglich machen.

Ohne Biodiversität ging es auch dort nicht, deshalb mussten erst einmal etwa 3800 verschiedene Tier- und Pflanzenarten eingeführt werden. Und obwohl alles scheinbar perfekt berechnet war, musste das Experiment nach zwei Jahren abgebrochen werden. Durch die Veränderung der Atmosphäre (Sauerstoff nahm ab, Stickstoff und Kohlendioxid zu) und die Ausbreitung von Kakerlaken und einer Ameisenart war das Überleben der menschlichen Versuchsteilnehmer, aber auch das vieler anderer Arten in dem Gebäude gefährdet. Ein zweiter Versuch 1994 musste bereits nach sechs Monaten abgebrochen werden.

Diese Begehrlichkeit gilt insbesondere für den grundlegendsten aller Prozesse: Würden wir eine künstliche Photosynthese beherrschen, könnten wir nicht nur organische Verbindungen aufbauen und damit Sonnenlicht speichern und Nahrungsmittel erzeugen, sondern zugleich CO_2 binden, also dem Klimawandel entgegenwirken. Obwohl wir ungefähr wissen, wie die Photosynthese abläuft, ist es bisher allerdings kaum möglich, diesen Prozess technisch nachzubauen.

Zwar ist es amerikanischen Chemikern 2019 gelungen, eine künstliche Photosynthese durchzuführen,[1] aber die Ausbeute blieb weit hinter dem Original zurück. Als Katalysator, der Sonnenlicht absorbiert und chemische Reaktionen schneller ablaufen lässt, haben die Forscher dabei teure Goldnanopartikel verwendet, weil sich an diesen CO_2 gut band und Licht gut absorbiert wurde. Der Prozess lieferte zwar eine Kohlenstoffverbindung (Propan), aber keine essbaren Kohlenhydrate. Zudem war die künstliche Photosynthese nicht annähernd so effizient wie ihr natürliches Vorbild (und schon das hat ja, wir haben es bereits erwähnt, nur einen Wirkungsgrad von maximal einem Prozent).

Auch in anderen Bereichen, etwa bei den schon beschriebenen Versuchen, durch Deichbau oder den Einsatz von Tetrapoden die physikalische Funktion von Ökosystemen im Hochwasser- und Küstenschutz zu ersetzen, bleiben die Ergebnisse bisher meist hinter der Effizienz des Originals zurück und sind vor allem sehr teuer.

Die Leistungen natürlicher Ökosysteme technisch ersetzen zu wollen hat sich bisher also noch nie wirklich gelohnt. Was die Natur kostenlos und effizient erledigt, bekommen wir nur teuer und ineffizient hin. Never change a winning system!

Naturschutz 4.0 – Technik für Natur

Dass wir es bisher kaum schaffen, perfekte Imitationen von Ökosystemleistungen zu bauen, heißt natürlich nicht, dass unsere Technologie nicht auf diversen Gebieten große Fortschritte gemacht hat, die Menschen überall auf der Welt das Leben einfacher, sicherer und schöner machen.

Insofern könnte man sich auch fragen, ob wir, statt nur technologisch von der Natur zu profitieren, nicht mehr tun sollten – etwa das Überleben von Arten durch unser Technik-Know-how zu sichern. Anders gefragt: Gibt es technologische Lösungen, die helfen können, den Biodiversitätsverlust einzudämmen?

Klar, die gibt es! So hilft uns modernste Satellitentechnologie, illegalen Holzeinschlag aufzuspüren. Während in der Vergangenheit relativ wenige Satellitenbilder produziert wurden und dann erst Monate oder sogar Jahre später ausgewertet wurden, hat sich hier die Entwicklung erfreulich beschleunigt. Immer mehr Satelliten fotografieren auch abgelegene Tropenwaldregionen. Aber nicht nur die Anzahl der Satelliten hat sich stark erhöht, sondern auch die Auflösung der Bilder, die sie liefern. Damit können auch kleinere (also beginnende) Abholzungsereignisse entdeckt werden. Und noch etwas hilft dem Tropenwald: Inzwischen müssen die Bilder nicht mehr von Expert*innen begutachtet werden. Moderne Computerprogramme erkennen unnatürliche Lichtungen und neue Transporttrassen in den Wäldern automatisch. Im Ergebnis liegen Erkenntnisse über Größe, Lage und Zugangswege zu illegalen Holzeinschlägen heute innerhalb von Tagen vor. Das erschwert zum Glück auch die Ausrede »Wir wussten von nichts« – bislang eine beliebte Ausflucht korrupter Behörden.[2]

Ein weiteres großes Problem, bei dem wir dabei sind, technische Lösungen zu finden, ist die Bestimmung der Herkunft und des Alters von Elfenbein. Das ist wichtig, weil sehr altes Elfenbein legal zu uns gelangt sein kann, wenn es eingeführt wurde, bevor Elefanten unter Schutz standen. Wissen wir mehr über die Her-

Unterstützung aus der Luft: Drohnen im Einsatz für den Naturschutz

kunft jedes einzelnen Stoßzahns, können wir vielleicht Transportwege und Wilderei-Hotspots finden und die Wilderei so bekämpfen. Inzwischen helfen uns ausgeklügelte Analysemethoden, die geografische Herkunft von Elfenbein zu bestimmen. Dabei spielen Isotope eine Rolle, also Elemente, die zwar im Atomkern die gleiche Anzahl Protonen, aber unterschiedlich viele Neutronen enthalten. Die Zusammensetzung dieser Isotope unterscheidet sich regional, sodass die aufgenommene Nahrung einen regionalen »Fingerabdruck« in Form einer bestimmten Isotopenverteilung in den Zähnen hinterlässt. Hat man eine Datenbank von Vergleichsproben aus bekannter Herkunft, kann man nun auch aus kleinen Elfenbeinmengen auf die Herkunft des Tieres schließen – bei 75 Prozent der Proben immerhin auf 1000 Kilome-

Elfenbein – oft teurer als Gold

ter genau. Das ist eine große Hilfe bei der Verfolgung von Wilderern und damit beim Schutz der Tiere.

Die Arbeit von Wildhütern ist oft gefährlich – besonders dann, wenn mit Wilderei viel Geld zu machen ist. Da liegt die Frage nahe, ob man Wilderer nicht auch entdecken und verfolgen kann, ohne dass Ranger in Gefahr geraten. Erfolg versprechend ist hier der Einsatz von Drohnen, die, mit Wärmebildkameras ausgerüstet, beispielsweise in Südafrika eingesetzt werden, um Nashornwilderern das Handwerk zu legen. Einmal entdeckt, können gut ausgerüstete Spezialeinheiten diese Form der organisierten Kriminalität bekämpfen. Der Drohnenpilot sitzt dabei ungefährdet irgendwo abseits des Geschehens.

Und wenn wir genau wüssten, wann und wo Tiere wandern, wo sie mit Menschen in Konflikt geraten können oder selber Opfer werden, dann würde das helfen, die richtigen Gebiete unter Schutz zu stellen oder auch mal ein Windrad abzustellen, wenn Vogelschwärme im Anflug sind, ohne dass großer wirtschaftlicher Schaden entstünde. Diese Frage lösen heute GPS-Sender, die, an einzelnen Tieren angebracht, somit die genauen Wanderwege von Tieren aufdecken können.

Aber bei allem Elan über den Nutzen von Hightech

im Naturschutz dürfen wir nicht vergessen, dass wir damit die Natur nie besser machen, als sie vorher war, sondern allenfalls unsere vorherigen Fehler ein wenig abschwächen … da beißt die Maus keinen Faden ab.

Teil III

Und nun?

Wenn alles gut gelaufen ist, sind Sie nun große Fans der Biodiversität. Wenn es ganz schlecht gelaufen ist, haben Sie den Eindruck gewonnen, dass das »Biodiversitäts-Kind« bereits unrettbar in den Brunnen gefallen ist, und wären bereit für die Abrissparty.

Das wäre natürlich fatal, denn tatsächlich können wir noch sehr viel tun, um die biologische Vielfalt der Welt zu bewahren. Schauen wir uns also an, um wen es hier eigentlich geht, was passieren muss, damit wir die Vielfalt bewahren können, und wer sich drum kümmern sollte.

KAPITEL 10

Und die Moral von der Geschicht'?

Wir haben bisher viel darüber gesprochen, was Ökosysteme leisten und wie wir in unserem Wohlergehen von ihnen abhängig sind. Das scheint auf den ersten Blick demütig, weil wir die Leistungen und Genialität der Natur anerkennen. Aber gleichzeitig schwingt in dieser Sicht natürlich auch eine starke Egozentrik mit: Schützenswert ist, was dem Wohl des Menschen dient. Was uns nicht nützt, kann theoretisch auch den Bach runtergehen, denn: Was hat die Mücke je für uns getan?

Aber dürfen wir diese Frage überhaupt stellen? Muss denn alles in der Natur zu unserem Nutzen existieren und erst daraus seine Existenzberechtigung erhalten? Und was ist, wenn wir die Frage umdrehen und die Mücke mal fragt: »Was hat der Mensch je für uns getan?«

Um wen geht's hier eigentlich?

Die Frage, was Biodiversität für uns leistet, ist aus einer **anthropozentrischen Perspektive** gestellt, aus einer Sichtweise also, die den Menschen ins Zentrum stellt. Demgegenüber kann man eine **physiozentrische Pers-**

pektive einnehmen, die jeder Lebensform eine Daseinsberechtigung zuspricht und alle als gleich schützenswert ansieht.

Durch so eine Perspektive kann es natürlich zu Konflikten zwischen verschiedenen Arten kommen. Denken wir nur einmal an das Verhältnis von Pockenviren und Menschen: Wollten wir die Pockenviren schützen, müssten wir Menschen opfern. Wollen wir das?

Massenmörder von Bakterien

Auch den Arzt und Philosophen Albert Schweitzer, einen Anhänger der physiozentrischen Ethik, haben die Konflikte zwischen unterschiedlichen Perspektiven stark geplagt. Er bezeichnete sich selbst, unter anderem in Notizen zu seiner Arbeit, als »Massenmörder von Bakterien«, weil er sie mit Medikamenten tötete, um seine Patienten zu heilen.[1]

Die Ansicht, dass die Schutzwürdigkeit der Natur sich nicht einzig aus ihrem Nutzen für den Menschen ergibt, sondern ihr auch ein eigener Wert innewohnt, drückt sich unter anderem in Naturreligionen aus, die Natur als Ganzes verehren und oft auch einzelne Naturobjekte zu Heiligtümern erklären, wie die Aborigines den Inselberg Uluru oder die Lakota Sioux den Gebirgszug der Black Hills.

Auch unabhängig von religiösen Überzeugungen empfinden viele Menschen intuitiv genug Ehrfurcht oder Faszination vor der Natur, um ihr ein intrinsisches

Recht auf Bewahrung zuzugestehen. Die alle zwei Jahre vom Bundesministerium für Umwelt (BMU) und der Bundesagentur für Naturschutz (BfN) in Auftrag gegebene Naturbewusstseinsstudie zeigt, dass auch den Bürgern und Bürgerinnen in Deutschland der Schutz der Natur um ihrer selbst Willen ein Anliegen ist. 2015 stimmten 93 Prozent der Befragten der Aussage zu, dass es die Pflicht des Menschen sei, die Natur zu schützen. Für 94 Prozent gehörte Natur zu einem guten Leben, und 93 Prozent waren der Meinung, dass die biologische Vielfalt für kommende Generationen erhalten bleiben sollte.[2]

Auch in der Biodiversitätskonvention, die 1992 auf der Konferenz der Vereinten Nationen über Umwelt und Entwicklung in Rio de Janeiro beschlossen wurde, ist ein grundlegender Schutzanspruch der Natur festgehalten: »Die Vertragsparteien – im Bewusstsein des Eigenwerts der biologischen Vielfalt (...) entschlossen, die biologische Vielfalt zum Nutzen heutiger und künftiger Generationen zu erhalten und nachhaltig zu nutzen, sind wie folgt übereingekommen: ...« Die Konvention verpflichtet die Mitgliedsstaaten zur Abfassung eigener Biodiversitätsstrategien und hält im Abstand von zwei Jahren Vertragsstaatenkonferenzen ab, um die Umsetzung und Fortschritte der Konvention zu beobachten.

Wenn wir also alle davon überzeugt sind, dass Natur und Biodiversität ein so hohes Gut sind, warum gelingt es uns dann nicht, sie (vor uns) zu schützen?

Preis versus Wert

Es ist ein langer Weg vom Denken zum Tun, und je weiter die Konsequenzen unseres Handelns vom Hier und Jetzt entfernt liegen, umso schwerer fällt es uns, uns von unseren guten Absichten dauerhaft leiten zu lassen.

Die bloße Idee, Natur um ihrer selbst willen zu erhalten, lässt sich in Entscheidungsfindungsprozessen von Politik und Wirtschaft schwer abbilden. Auch der Wert von Gemeingütern wie Luft oder Wasser beziehungsweise die Kosten für deren (Über-)Nutzung lassen sich dort bisher nur schwer internalisieren. Natur war bisher einfach kein Posten der Bilanzierung. Man hat den Fluss zum Ableiten von Abwässern genutzt, man hat gefischt, was das Zeug hält, man ist davon ausgegangen, dass Apfelbäume selbstverständlich jedes Jahr Früchte tragen, weil ihre Blüten von irgendwem bestäubt werden.

Der ehemalige Umweltminister Klaus Töpfer formuliert es so: »Wir haben viel zu lange die Meinung vertreten, es gebe [...] nur zwei Kapitalbereiche für Entwicklung – das Finanzkapital und das Humankapital, [...] also Wissen und Können, die Kreativität und die Ausbildung der Menschen [...] Wir haben uns über lange Zeit hinweg der Illusion hingegeben, dass es so etwas wie Umweltkapital nicht gibt. Dass man die Umwelt, das Umweltkapital zum Null-Tarif nutzen kann und man in diesen Kapitalstock nicht reinvestieren muss. Und wir sehen jetzt, dass diese Überlegung nicht weiter tragfähig ist und auch keine wirtschaftlichen Entwicklungsprozesse ermöglicht.«[3]

Die Etablierung des Konzepts der Ökosystemleistung ist ein Ansatz, um den Wert von Gemeingütern (wie sie

Der Uluru, der heilige Berg der Anangu, ist seit Oktober 2019 für Wanderer gesperrt.

die meisten Leistungen von Ökosystemen darstellen) sowie die Kosten ihrer Zerstörung sichtbar zu machen, damit beides Eingang in politische und wirtschaftliche Entscheidungsprozesse finden kann. Der Ansatz ist nicht unumstritten, schließlich ist auch er anthropozentrisch und unterstützt den Schutz der Natur nur so lange, wie es sich für den Menschen rechnet. Wenn etwa eine Situation entsteht, in der tatsächlich das Ersetzen einer natürlichen Leistung billiger ist als die Maßnahmen zu ihrem Erhalt, liegt es in der Logik dieses Systems, die technische Maßnahme dem Schutz von Biodiversität vorzuziehen.

In China werden bereits heute Obstplantagen künstlich durch Menschen bestäubt, weil Insekten fehlen. Offensichtlich ist das derzeit unter den in China geltenden Arbeitsbedingungen, wirtschaftlich betrachtet, die sinnvollere Lösung, als bestäubende Insekten zu schützen, aber wollen wir uns damit abfinden? Haben wir nicht intuitiv das Gefühl, dass hier etwas nicht stimmt? Sollten wir dem Eisbären ein Preisschild um den Hals hängen und Ölkonzerne entscheiden lassen, ob er mehr wert ist als die unter der Arktis schlummernden Ölreserven?

Und noch mal umgekehrt gedacht: Wenn wirklich Preisschilder verteilt würden, wären wir dann gern dabei, wenn jemand den Wert bezifferte, den die Spezies Mensch zum Funktionieren von Ökosystemen beiträgt? Nüchtern betrachtet, sind wir aus Sicht vieler anderer Arten vermutlich eher eine Art Cholerabakterium, ohne die das Leben angenehmer wäre – ausgenommen aus Sicht unserer Haustiere vielleicht.

Egal ob Mücken, charismatische Säugetiere oder Menschen: Der Wert einzelner Arten ist nicht allein in Geld auszudrücken. Das wissen natürlich auch die Vertreter des Ansatzes, Ökosystemleistungen in Wert zu setzen, sehr genau und betonen es immer wieder. Aber das prinzipielle Anerkennen eines intrinsischen Wertes von Natur und Biodiversität reicht in unserem momentanen Werte- und Wirtschaftssystem, das nur auf Kosten und Gewinne schaut, eben nicht, um entsprechende Taten folgen zu lassen. Und hier kann eine anthropozentrische Nutzenbetrachtung durchaus hilfreich sein, indem sie zeigt, dass das Zerstören von Ökosystemen schlicht unwirtschaftlich ist.

In dem Moment, in dem Ökosystemleistungen ein Wert oder ein Preis zugerechnet wird, fließt ihre Nutzung in Entscheidungsprozesse ein. Die Kosten für die Beeinträchtigung oder Zerstörung von Biodiversität werden also internalisiert. Staat, Wirtschaft und Privatleute

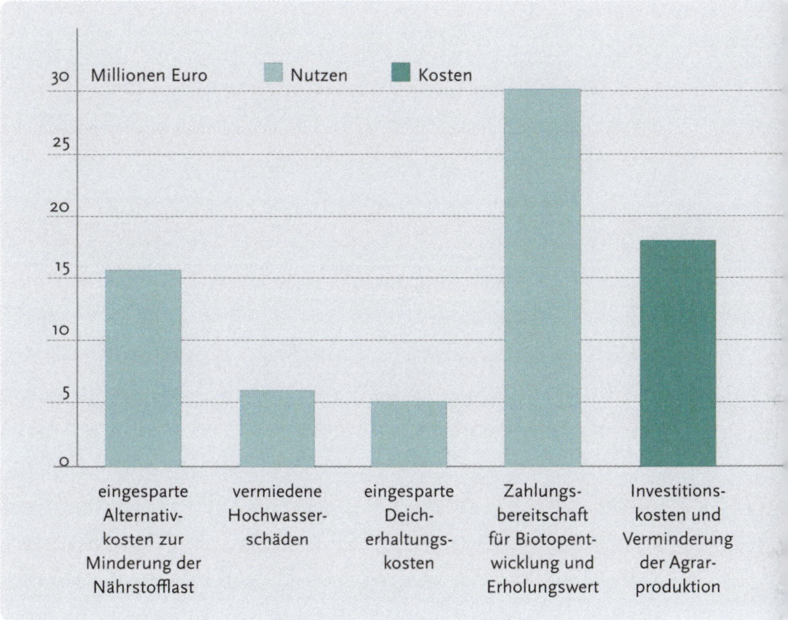

Jährliche Nutzen und Kosten von Deichrückverlegungen und Maßnahmen zur Wiedergewinnung von Überschwemmungsauen an der Elbe[4]

kommen so hoffentlich öfter zu dem Ergebnis, dass es sehr teuer werden kann, ein Ökosystem zu zerstören, um kurzfristig an seinem Ausverkauf zu verdienen, anstatt es zu bewahren und dauerhaft von seinen Leistungen zu profitieren. Während für die Internalisierung von Kosten im Klimaschutz der CO_2-Preis, ob nun als Steuer oder über den Preis im Handel mit Zertifikaten, festgelegt werden kann, ist die Währung für Biodiversität und Ökosystemleistungen noch nicht gefunden – eine von vielen Herausforderungen in diesem System.

Erstaunlich ist, dass der Vergleich zwischen Nutzen und Kosten des Erhalts von Ökosystemen oft selbst dann pro Erhalt ausfällt, wenn noch nicht einmal der gesamte Nutzen einkalkuliert wird. Das wirkt auch auf so manchen nüchternen Rechner überzeugend ...

Die Monetarisierung von Ökosystemleistungen liefert nicht die Wahrheit über den Wert von Natur, sondern nur ein weiteres wertvolles Argument für ihren Erhalt.

Kommen wir noch einmal zurück auf die Frage, warum wir Biodiversität gefährden, wenn wir doch wissen, dass wir damit an dem sprichwörtlichen Ast sägen, auf dem wir sitzen. Ein Problem ist, dass wir manchmal eben nicht an demjenigen Ast sägen, auf dem wir selbst sitzen, sondern an dem, auf dem ein anderer sitzt. Europäische Fischtrawler übernutzen beispielsweise die Fischbestände vor der westafrikanischen Küste. Den Preis zahlen Menschen in Mauretanien, Senegal oder Guinea. Ein anderes Beispiel ist Peru, wo für den weltweiten Hunger nach Gold Massen von illegalen Goldgräbern in Amazonasgebiete einfallen. Sie eröffnen ihre Minen, schürfen das Edelmetall und ziehen dann weiter. Zurück bleibt für die kommenden Generationen eine mit Quecksilber verseuchte, unfruchtbare Ödnis.

Es ist also nicht nur eine Frage der Klugheit, mit dem Sägen aufzuhören, sondern auch eine Frage der Gerechtigkeit. Auch hier hilft die monetäre Bewertung von Ökosystemleistungen, um beispielsweise den Forderungen gerechter Fangquoten Ausdruck zu verleihen.

Unterm Strich ist unserer Gesellschaft durchaus bewusst, dass »wir ALLE« als Kollektiv auf intakte Biodiversität angewiesen sind. Aber als Individuen profitieren »WIR alle« auch von Verhaltensweisen, die ihren Verlust zur Folge haben.[5] Wir können uns also nicht alleine auf die Moral und das richtige Verhalten von Individuen verlassen, wir brauchen übergeordnete Mechanismen, die abweichende Interessen ausgleichen.

Das gilt auch, wenn wir über die Verantwortung und die Last für den Schutz von Biodiversität sprechen. Die können nicht nur dem Individuum oder nur dem Staat überlassen werden, auf dessen Territorium sie liegt, wenn sie doch weit über dieses Gebiet und auch über Ländergrenzen hinaus für uns alle wertvoll ist. Vor allem wenn man bedenkt, dass Gebiete mit der größten Biodiversität ausgerechnet in den ärmsten Ländern der Welt liegen, erwächst daraus die Verpflichtung, diese Staaten beim Schutz von Biodiversität zu unterstützen.

KAPITEL 11

Was jetzt passieren muss

Das Wichtigste zuerst

Haben wir schon erwähnt, dass es eilt? Wir befinden uns nach Meinung aller Experten bereits am Anfang des 6. Massenaussterbens. Vermutlich sterben jedes Jahr zwischen 2000 und 10 000 Arten aus, vielleicht auch 100 000. Dass diese Zahl nicht genauer bekannt ist, hängt wieder damit zusammen, dass wir gar nicht genau wissen, wie viele Arten es gibt. Aber klar ist, dass es zu schnell geht und wir dringend handeln müssen. Käme eine gute Fee und schenkte uns einen Wunsch, um die größte Bedrohung für Biodiversität zu stoppen, wir würden nicht lange zögern: »Bitte stopp sofort die Zerstörung tropischer Regenwälder!«

Fakt ist: Tropische Regenwälder beherbergen etwa 50 Prozent der weltweiten Artenvielfalt, obwohl sie nur 2 Prozent der Landesfläche bedecken. Bezieht man in diese Rechnung auch tropische Wälder ein, die per definitionem keine Regenwälder sind, kommt man zu einem Anteil von etwa zwei Drittel der weltweiten Artenvielfalt, die in diesen Wäldern – auf weniger als 10 Prozent der Erdoberfläche – vorkommen.

Studien haben gezeigt, dass es einen positiven Zusammenhang zwischen der Anzahl von Baumarten und der Menge an Kohlenstoff gibt, die ein Wald speichern kann. Tropische Wälder beherbergen 96 Prozent aller Baumarten und binden in Pflanzen und Böden etwa 25 Prozent des weltweit emittierten Kohlenstoffs,[1] der bei einer Freisetzung durch Brandrodung den Klimawandel und damit auch den Biodiversitätsverlust massiv beschleunigt. Mindestens 15 Prozent des weltweiten CO_2-Ausstoßes – vermutlich aber mehr – gehen alljährlich auf die Zerstörung tropischer Wälder zurück. Würden wir ab morgen für immer mit der Verbrennung fossiler Energieträger (Kohle, Öl und Gas) aufhören, Regenwälder aber weiter in bisherigem Tempo roden, würde sich die globale Durchschnittstemperatur bis 2100 trotzdem um 1,5 Grad erhöhen.[2] Ihr Schutz ist also nicht nur zum Erhalt von Biodiversität, sondern auch im Kampf gegen den Klimawandel dringend geboten.

Bäume tropischer Regenwälder regulieren auch den globalen Wasserhaushalt, weil sie über ihre Wurzeln große Mengen an Wasser aufnehmen und über ihre Blätter als Wasserdampf abgeben. Etwa 65 Prozent des Niederschlags über einem Regenwald gelangt so wieder in die Atmosphäre. Regenwälder entstehen entgegen der intuitiven Annahme nicht in Gebieten mit hohem Niederschlag, vielmehr kreieren sie die Wolken, die als Niederschlag dort und anderswo abregnen. Ein nicht unwesentlicher Teil der so produzierten Luftfeuchtigkeit geht erst Tausende Kilometer entfernt als Regen nieder. So kommen 50 Prozent des Niederschlags des Mittleren Westens in den USA aus den Wäldern Amazoniens. Damit sich das Niederschlagsregime in Europa nicht dramatisch ändert, ist besonders der Schutz der Wälder im Kongobecken wichtig. Weil von diesen Niederschlägen letztlich also auch unsere Lebensmittelproduktion abhängt, sollten wir der Zerstörung dieser Regenwälder nicht länger zusehen.

Eine wirklich gute Fee würde uns natürlich nicht mit nur einem Wunsch stehen lassen – und das wäre gut so. Denn offensichtlich gibt es noch viele andere Bereiche, in denen wir dem Biodiversitätsverlust entgegenwirken müssen, um wirklich dauerhaft eine lebenswerte Umwelt zu sichern. Überfischung und Überjagung müssen beendet werden, die Umwandlung von Natur in pestizidbelastete Agrarflächen ebenso, dem Klimawandel muss Einhalt geboten werden und, und, und … Dafür gibt es sinnvolle Maßnahmen, Prozesse und Akteure.

Wunderbare Welt der Tropen

In den Tropen ist es definitiv bunter als bei uns. Schmetterlinge, Vögel, Frösche, Blüten – ein einziges Farbenmeer und rundherum die nicht minder diverse »grüne Hölle«. Je näher man dem Äquator (und damit den Tropen) kommt, umso mehr Arten findet man – was übrigens auch für die tropischen Meere gilt. Warum das so ist, ist immer noch Gegenstand umfassender Forschung.

Sicherlich umfassen die festländischen feuchten Tropen große Flächen, aber viel wichtiger ist das gleichbleibende

In Costa Rica wird der Ökotourismus stark gefördert, rund 27 Prozent der Landesfläche stehen unter Naturschutz.

hohe Wärme- und Wasserangebot. Eiseskälte, heftige Jahreszeitenwechsel, Wassermangel, also alles, was biologische Prozesse langsam macht, sind Fremdworte in den inneren, immer- bzw. wechselfeuchten Tropen (in den äußeren Tropen befinden sich übrigens teils sehr trockene Gebiete, verläuft die Grenze Tropen zu den Außertropen doch entlang der Wendekreise und damit zum Beispiel quer durch die Sahara). Fossilfunde belegen, dass die meisten der heute existierenden Tiergruppen in den Tropen entstanden sind. Bis der Mensch eingriff, sind dort auch relativ wenige Arten ausgestorben. Die Tropen sind damit »Wiege« und »Museum« der Artenvielfalt gleichermaßen. Wer hier abwandert, begibt sich in ungemütlicheres Fahrwasser – höhere Aussterberaten inklusive.

Weil kalte Jahreszeiten und starke Temperaturschwankungen fehlen, ist das Leben immer aktiv. Das bedeutet auch, dass jedes herunterfallende Blatt und jeder Tierkadaver umgehend weiterverarbeitet werden. Anders als man es mit Blick auf das üppige Grün weiter Teile der inneren Tropen vermuten würde, wird eine nährstoffreiche Humusschicht im Boden so (meist) gar nicht erst gebildet. Das Ergebnis ist eine ausgeprägte Konkurrenz um die im permanenten Umlauf befindlichen Nährstoffe. Um an diese Nährstoffe zu gelangen, gibt es quasi einen »evolutiven Ideenwettbewerb« mit vielen ausgeklügelten Ansätzen zur besten Ausnutzung von Ressourcen. Diese Konkurrenz hat zur Entstehung vieler Arten geführt.

Trotzdem könnten ja die besten »Erfinder« am Ende gewinnen und dominant werden. Aber auch das geschieht in den Tropen nicht. Wissenschaftler vermuten, dass das bei den Bäumen dort nicht passiert, weil sie von genügend »natürlichen Feinden« in Schach gehalten werden. Krankheiten und Fraßschädlinge am Mutterbaum verhindern, dass Keimlinge direkt unter diesem wachsen, und räumen so den Platz für andere Baumarten frei. So wird Monotonie verhindert und Biodiversität aufrechterhalten.

Damit so wenig wie möglich passiert – bewahrende Maßnahmen

Auch wenn das 6. Massenaussterben bereits begonnen hat, gibt es auf unserem Planeten immer noch eine beeindruckende Biodiversität. Und da wir Menschen zwar Hunderassen züchten, aber keine neuen Tierarten erschaffen können, da wir zwar Bäume, aber keinen Wald pflanzen können, sollten wir von dieser noch bestehenden Biodiversität so viel bewahren wie möglich. Einmal verschwunden, können wir sie nie wieder zurückholen.

In diesem Zusammenhang herrscht in Expertenkreisen große Einigkeit über die Bedeutung von **Schutzgebieten**. Dort können nicht nur Populationen verschiedenster Tierarten (über)leben, sondern biologische Prozesse unbeeinträchtigt ablaufen. Schutzgebiete sind wichtige Rückzugsorte für viele Tier- und Pflanzenarten, besonders auch für diejenigen, die wir außerhalb solcher Gebiete nicht dulden, beispielsweise weil sie groß und gefährlich sind und damit Menschen, Haustiere oder Ernten bedrohen.

Bis zum Jahr 2019 umfasste das weltweite Schutzgebietsnetzwerk 15 Prozent der Land- und 7 Prozent der Meeresfläche. Bis Ende 2020 sollen diese Werte auf 17 Prozent für Schutzgebiete an Land und 10 Prozent geschützter Meeresfläche ansteigen.

Reicht das?

Man kann sich darüber streiten, ob die angestrebte Schutzgebietsfläche ausreichend groß ist. Es gibt auch Expert*innen, die fordern, 50 oder gar 75 Prozent der weltweiten Flächen unter Schutz zu stellen. Die beste Lösung wird aber sicher sein, grundsätzlich mehr im Einklang mit der Natur zu handeln. Ökologisch angepasste Landwirtschaftsformen wie die unten beschriebenen Agroforstsysteme, die strenge Kontrolle der Jagd und Fischerei sowie die Internalisierung von Umweltkosten würden uns hier einen Riesenschritt weiterbringen.

Dass mehr möglich ist, zeigt ausgerechnet das dicht besiedelte Deutschland. Unser Land ist für den Schutz von

Großwild außerhalb von Schutzgebieten ein gutes Beispiel. Wir leben mit Rehen, Hirschen, Wölfen und Luchsen auch außerhalb von Schutzgebieten im Großen und Ganzen gut zusammen. Würden wir dagegen alle diese Tierarten in Deutschland nur in Schutzgebieten zulassen, würden sie alle aussterben. Es gibt weder für sie noch für fast alle anderen Tierarten auf der Welt einen Grund, warum Menschen nicht im Einklang mit ihnen leben könnten – und das gilt selbst für gefährliche Tiere wie Elefanten, Tiger oder Grizzlys. Wir müssen schlicht wieder lernen zusammenzuleben.

Aber auch was jetzt geschützt ist, ist damit nicht automatisch für immer gesichert. So hat Donald Trump in den USA zuletzt Schutzgebiete verkleinert, wie zum Beispiel das Grand Staircase-Escalante National Monument (um 51 Prozent) oder das Schutzgebiet »Bears Ears« (um erschreckende 85 Prozent).

Mit einer erhöhten Quantität von Schutzgebieten ist dem Biodiversitätsschutz aber noch nicht Genüge getan. Schutzgebiete müssen zudem gezielt an Orten etabliert werden, an denen es auch viel Biodiversität zu schützen gibt. Das klingt banal, aber Studien zeigen, dass manche Länder einfach nur Flächen unter Schutz stellen, die für Menschen keinen Nutzwert haben. Für Menschen attraktive Flächen wie Küsten oder Gebiete mit fruchtbarem (Acker-)Boden wurden in der Vergangenheit deutlich weniger unter Schutz gestellt. Das führt dazu, dass bisher trotz der beachtlichen Fläche von Schutzgebieten nur 22 Prozent aller Amphibien-, 56 Prozent aller Vogel- und

46 Prozent aller Säugetierarten in solchen Gebieten leben. Berücksichtigt man zusätzlich, dass die Ausstattung mit finanziellen Ressourcen und Arbeitskräften nur auf etwa einem Viertel der weltweit ausgewiesenen Schutzgebietsfläche ausreichend hoch ist und es sich bei manchen Gebieten um sogenannte Paperparks handelt, also um Schutzgebiete, die nur auf dem Papier existieren, bedeutet das, dass real nur 4 Prozent aller Amphibien-, 8 Prozent aller Vogel- und 9 Prozent aller Säugetierarten in **gut gemanagten Schutzgebieten** leben und ihre Bestände effektiv geschützt werden.[3] Die allermeisten Tier- und Pflanzenarten leben also de facto in ungeschützten Arealen.

Würden wir die richtigen Gebiete unter Schutz stellen, also die, die besonders artenreich sind (wir erinnern an den tropischen Regenwald), und diese gut finanzieren und managen, könnten auf 17 Prozent Schutzfläche an Land und 10 Prozent im Meer insgesamt etwa 30-mal so viele Tier-, Pflanzen- und Pilzarten bewahrt werden wie bislang.[4]

Auch außerhalb von Schutzgebieten können indes Maßnahmen zum Art- und Populationserhalt eingeführt werden. Ziel ist es dabei, eine Art so weit zu unterstützen, dass sie langfristig und ohne weiteres Einwirken des Menschen in ihrem natürlichen Lebensraum überleben kann. Dafür können Betretungsverbote für bestimmte Gebiete ausgesprochen werden, um Störungen durch Menschen zu verhindern, Nisthilfen können aufgestellt (etwa für Insekten oder Vögel) und Nester geschützt werden (zum Beispiel bei Meeresschildkröten), Handelsbeschränkungen erlassen oder nachhaltige Nutzungsregime bei der Jagd, der Fischerei, dem Sammeln oder dem Holzeinschlag eingeführt werden. Natürlich zählen dazu auch all die Maßnahmen, die dem Erhalt gesunder Lebensräume dienen, wie Grenzwerte für Emissionen, Bauvorschriften oder Eingriffsregelungen. Der Schutz der Arten erfolgt dabei in ihrem natürlichen Lebensraum – man spricht hier von »In-situ-Artenschutz«. Im Gegensatz dazu kann der Schutz auch außerhalb, also »ex situ«, geschehen, zum Beispiel in Zoos oder Zuchtstationen.

Damit es nicht so bleibt – behebende Maßnahmen

Weil Menschen überall in natürliche Prozesse eingreifen, ist das Kind im Hinblick auf den Biodiversitätsschutz so mancherorts schon in den Brunnen gefallen. In diesen Fällen sollten wir Maßnahmen ergreifen, die den größten Schaden beseitigen helfen. Dabei sind zwei Ansätze denkbar: Ökosysteme können renaturiert werden und so dem natürlichen Zustand wieder näher gebracht werden. Oder man züchtet Arten in der Obhut des Menschen nach und wildert sie dann aus, sofern die notwendigen Lebensräume noch intakt sind (das wäre der eben erwähnte Ex-situ-Artenschutz).

Renaturierung von Ökosystemen

In unseren Breiten wurden lange Zeit Wälder gerodet, Fließgewässer begradigt sowie Moore trockengelegt. All diese Maßnahmen beeinträchtigen die Biodiversität der betreffenden Ökosysteme, teilweise mit drastischen Folgen.

Durch ökologischen Waldumbau kann aus Monokulturen wieder naturnaher Laubmischwald werden.

Ursprünglich und »potenziell natürlich«, wie es im Fachjargon heißt, wäre Deutschland nahezu vollständig von Wald bedeckt. Auch wenn Deutschland inzwischen zwei Drittel seiner Wälder verloren hat, gehört es immer noch zu den waldreichsten Ländern Europas und zu den wenigen Ländern der Welt, in denen die Waldfläche seit dem 19. Jahrhundert wieder zugenommen hat – zwischen 2002 und 2012 um 0,4 Prozent.[5]

Streng genommen dürften wir bei den meisten immer noch baumbestandenen Flächen in Deutschland aber gar nicht von Wald sprechen, weil diese Bezeichnung einem von Bäumen geprägten Ökosystem vorbehalten ist, das der an einem Ort natürlicherweise vorkommenden Vegetation und Altersstruktur entspricht und das von Menschen nicht gepflanzt werden kann. In Deutschland finden wir heute dagegen meist Forste, in denen Menschen über die Baumartenzusammensetzung bestimmen und in denen Arten- oder Alterszusammensetzungen vorkommen, die sich so natürlicherweise nicht einstellen würden.

Ohne Eingriffe der Forstwirtschaft bestünden die deutschen Wälder zum Großteil aus Laubmischwäldern mit Buchendominanz. Nadelwälder aus Kiefer, Fichte und Tanne kämen von Natur aus nur in höheren Berglagen und wenigen Sonderstandorten (zum Beispiel an Moorrändern) vor. Tatsächlich wird unser Wald heute aber nicht mehr von Rotbuchen geprägt, sondern ist zu 56 Prozent Nadelwald, wobei alleine die Fichte auf 25 Prozent der Waldfläche steht. Weil gerade die Fichte nicht gut mit dem Klimawandel umgehen kann und anfällig für Trockenheit und Stürme ist, wird immer mehr Wald inzwischen ökologisch umgebaut, also standortfremde Bäume wie die Fichte entnommen und mit verschiedenen Laubholzarten aufgeforstet. Das ist nicht nur gut für Biodiversität, sondern macht Wälder auch resistent gegenüber dem Klimawandel.

Noch besser ist es für die Biodiversität, wenn Wälder sich nach einem solchen ökologischen Waldumbau unbeeinflusst weiterentwickeln können. Das war Anfang 2019 auf 2,8 Prozent der Waldfläche in Deutschland möglich – ein Wert, der bis Ende 2020 auf 4 Prozent steigen soll.[6] Der BUND fordert, dass sich mindestens 10 Prozent aller Wälder in Deutschland frei von forstlichen Eingriffen entwickeln sollten.

Auch die Fließgewässer in Deutschland (und natürlich weltweit) bedürfen erhaltender und renaturierender Maßnahmen. Unzählige Flussläufe wurden begradigt, um sie schiffbar zu machen. Auch kleinere Fließgewässer wurden in gerade Bahnen gelenkt, um Grenzen festzulegen oder Abwässer schneller abfließen zu lassen. Auch wenn wir Rhein, Main, Donau oder Elbe – heute bezeichnenderweise auch »Wasserstraßen« genannt – großflächig nicht mehr renaturieren können, ist das in Abschnitten anderer großer Flüsse oder bei Bächen durchaus möglich und sinnvoll. Wie in Kapitel 5 erklärt, schützen natürliche, mäandrierende Gewässer vor Hochwasser, füllen Grundwasserspeicher auf und sind durch ihr natürliches Bachbett und die Ufervegetation Lebensräume für viele Tier- und Pflanzenarten. Nur 0,1 Prozent der Fließgewässer in Deutschland sind in einem sehr guten ökologischen Zustand, weitere 9 Prozent in einem guten.[7]

Renaturierung von Fließgewässern bedeutet, dass der ursprüngliche Verlauf des Wassers wiederhergestellt, die Befestigungen von Ufern und Bachbett entfernt und einheimische Vegetation gepflanzt wird. Wenn die Wasserqualität es zulässt, kann auch der Besatz mit entsprechenden Tieren erfolgen. All diese Maßnahmen sind aufwendig und machen die Renaturierung von Fließgewässern, auf die Fläche bezogen, zu einer der teuersten Naturschutzmaßnahmen. So kann die Renaturierung eines einzigen Bachkilometers über 600 000 Euro kosten.[8] Diesen einmaligen Kosten stehen jedoch jährliche Einsparungen für vermiedene Hochwasserschäden, künstliche Wasserfilterungen und -bewässerung und Artenpflege gegenüber, sodass sich die Maßnahmen meist nach überschaubarer Zeit amortisieren.

Eine weitere wichtige Maßnahme ist die Renaturierung von Mooren. Moore wurden über Jahrhunderte trockengelegt, um Torf abzubauen oder Ackerflächen zu gewinnen. Von den 1,5 Millionen Hektar Moorfläche in Deutschland sind heute nur noch fünf Prozent mehr oder weniger intakt. Selbst dort, wo die Nutzung trockengelegter Moore aufgegeben wurde, werden Moore durch bereits bestehende Drainagekanäle oft weiter entwässert. Der überaus kohlenstoffreiche Moorboden kommt so mit dem Sauerstoff der Luft in Kontakt und setzt Unmengen an CO_2 frei. Durch den Rückbau beziehungsweise den Verschluss derartiger Entwässerungskanäle können Moore wiedervernässt werden und so nicht nur den seltenen Tier- und Pflanzenarten, die auf sie spezialisiert sind, wieder ein zu Hause bieten, sondern allein in Deutschland die Emission von etwa 35 Millionen Tonnen schädlicher Klimagase einsparen, weil der Kohlenstoff im nassen Boden gebunden bliebe.[9]

Eiserne Reserve – Auswildern von Arten

Ex-situ-Artenschutz, also der Schutz und die Bewahrung einer Art außerhalb ihres natürlichen Lebensraumes in Zoos oder Zuchtstationen, ist ebenfalls ein wichtiger Baustein zum Schutz der Biodiversität. Laut IUCN haben 73 Tier- und Pflanzenarten, die in freier Wildbahn bereits ausgerottet sind, bisher in menschlicher Obhut überlebt. Manche Bestände, wie die der Wyoming-Kröte *(Anaxyrus baxteri)*, nehmen selbst in Zuchtstationen weiter ab, andere Tiere wie die Hawaiikrähe *(Corvus hawaiiensis)* vermehren sich indes erfreulich gut.

So manchen Schaden können wir also beheben. Das sollte uns aber nicht darüber hinwegtäuschen, dass diese

Verfahren nicht bei allen Arten funktionieren würden. Manche Arten sind schlicht zu groß, um sie in ausreichender Individuenzahl für die Zucht zu halten. Um das Überleben einer Art langfristig, das heißt über 40 Generationen, zu sichern, braucht man bei einer Wirbeltierart geschätzte 7000 Individuen. Manche Arten erreichen diese Individuenzahl gar nicht mehr (Berggorillas), andere sind schlicht zu groß, um sie in dieser Menge (Eisbären) oder selbst als Einzeltiere (alle großen Walarten) in Menschenobhut zu halten.

Eine Erfolgsgeschichte

Um einen der größten Vögel der Welt, den Kalifornischen Kondor *(Gymnogyps californianus)*, wäre es in den 1980er-Jahren fast geschehen gewesen. Direkte Bejagung, Vergiftung mit Pestiziden und Blei (durch das Fressen von mit Bleimunition geschossenen Wildtieren) sowie die Zerstörung ihres Lebensraums hatten die Art im Jahr 1982 auf weltweit nur noch 23 Tiere schrumpfen lassen – Tiere in Menschenobhut inklusive.[10] Der letzte wild lebende kalifornische Kondor wurde am Ostersonntag des Jahres 1987 gefangen.

Was dann folgte, war eines der aufwendigsten und teuersten Rettungsprogramme für eine Tierart. Das Ziel des »California Condor Recovery Plan« war es, erfolgreich zwei Populationen der Tiere zu etablieren, eine in Kalifornien und eine in Arizona – jede mit 150 Individuen und mindestens 15 Brutpaaren. Eine Reihe von Zoos widmeten sich mit aller Kraft der Zucht der Kondore, die als Gründerpopulation später erfolgreich ausgesiedelt werden konnten. Gar nicht so einfach bei einer Tierart, die pro Jahr nur ein Ei legt, sehr leicht auf Menschen geprägt werden kann (und von da an einen Artgenossen als Paarungspartner ablehnt), erst mit sechs Jahren geschlechtsreif wird und Stromleitungen nicht als Gefahr erkennt. All diese Herausforderungen wurden gemeistert, und ab 1991 wurden die ersten Kalifornischen Kondore ausgewildert. Ende 2019 war die Weltpopulation auf 518 Tiere angewachsen, von denen 337 in freier Wildbahn lebten und 2019 dort auch 14 Jungtiere aufzogen.

Schön, wenn es solche Erfolge gibt! Das Projekt hat bis heute 35 Millionen US-Dollar gekostet. Die laufenden Kosten betragen zwei Millionen Dollar pro Jahr. Inzwischen schützt man ihren Lebensraum, Bleimunition ist verboten, und Stromleitungen werden gesichert. Hätte man das getan, bevor die Tiere so selten wurden, hätte man sich das viele Geld für ihre Rettung sparen können.

Bliebe vielleicht die Hoffnung, nur das genetische Material einzelner Individuen und nicht das ganze Tier oder die ganze Pflanze zu konservieren? Spermien, Eizellen, Gewebe oder ganze Embryos von Tieren können in flüssigem Stickstoff schockgefroren werden. Aus manchen dieser Tiefkühlproben ließen sich dann einzelne Vertreter der entsprechenden Art »wiederbeleben«. Genetische Vielfalt bliebe dabei allerdings auf der Strecke, und so wäre das Ergebnis eher ein Kuriositätenkabinett als ein erfolgreicher Beitrag zum Erhalt von Biodiversität.

Die letzten ihrer Art

Najin und ihre Tochter Fatu sind die beiden letzten lebenden Vertreterinnen des Nördlichen Breitmaulnashorns *(Ceratotherium simum cottoni)*, das einst in Ost- und Zentralafrika (Tschad, Kongo, Uganda und Sudan) verbreitet war. Fatus Vater Saut starb 2006. Im Jahr 2018 musste mit Sudan der letzte männliche Vertreter dieser Art eingeschläfert werden.

Im August 2019 wurden Fatu und Najin jeweils fünf Eizellen entnommen und mit den tiefgefrorenen Spermien eines männlichen, bereits verstorbenen Nördlichen Breitmaulnashorns befruchtet. Zwei der Embryos waren lebensfähig. Am 15. Januar 2020 konnte aus einer Eizelle Fatus ein dritter Embryo erzeugt werden. Alle drei Embryonen werden in flüssigem Stickstoff aufbewahrt, bis eine geeignete Leihmutter gefunden wird – vermutlich ein Weibchen des Südlichen Breitmaulnashorns *(Ceratotherium simum simum)*. Najin und Fatu können keine Jungtiere mehr austragen.

Die Vorbereitungen dieser Rettungsversuche waren und sind sehr aufwendig. Ob die Leihmutterschaft erfolgreich sein wird, weiß noch niemand. Doch selbst wenn auf diese Weise ein gesundes (Nördliches) Breitmaulnashorn geboren wird, ist die Art mit diesem Einzelexemplar natürlich keinesfalls gerettet. Jede weitere künstliche (oder natürliche, falls ein Männchen geboren werden sollte) Reproduktion ist Inzucht, die vorhandene genetische Vielfalt bleibt so gering, dass der Aufbau einer gesunden, überlebensfähigen Population kaum möglich ist.

Die Samen vieler Pflanzen hingegen können getrocknet lange überdauern. Es können Samenbanken angelegt werden, die Genmaterial bewahren und deutlich weniger Platz beanspruchen als ein botanischer Garten oder ein Gewächshaus. Wie wir aber in Kapitel 3 bereits lesen konnten, stößt auch dieser Ansatz an seine Grenzen.

Alle diese Maßnahmen sind angesichts der heutigen Situation sinnvolle Bestandteile einer Versicherungsstrategie. Aber auch wenn wir uns wiederholen: Die einfachste und sicherste Lösung bleibt, die Arten erst gar nicht verschwinden zu lassen.

Damit alle was davon haben – nachhaltige Bewirtschaftung von Ökosystemen

Wenn, wie wir in den letzten Kapiteln mehrfach gesehen haben, wirtschaftliche Interessen zur Zerstörung von Ökosystemen führen, gleichzeitig aber das Funktionieren von Ökosystemen ebenfalls einen extrem wichtigen wirtschaftlichen Wert hat, sollte es doch möglich sein, die wirtschaftliche Nutzung der Ökosysteme in Bahnen zu lenken, die das System dauerhaft erhalten.

Der Schlüssel für die nachhaltige Bewirtschaftung von Ökosystemen liegt erst einmal darin zu erkennen, dass es wirtschaftlich attraktiv ist, ein Ökosystem so zu nutzen, dass es dauerhaft erhalten bleibt. Wir müssen also zunächst die Leistungen, die Ökosysteme erbringen, sichtbar machen. Manchmal braucht es aufwendige, komplexe Rechen- und Prognosemodelle, um Werte für Ökosystemleistungen zu erfassen. Manchmal reicht es aber auch, sich klarzumachen, dass in einer nicht-nachhaltigen Bewirtschaftung Kosten nur deshalb entstehen, weil natürliche Ökosystemleistungen nicht mehr vorhanden sind wie bei dem Beispiel der vietnamesischen Shrimpfarmen (siehe Kapitel 5). Hier fallen zum Beispiel hohe Kosten für Futter und Medikamente an, die im natürlichen Mangrovenumfeld gar nicht nötig wären. Erst wenn wir hinterfragen, warum die jahrzehntelangen Praktiken des Einsatzes von Kraftfutter, Düngern, Pestiziden und Antibiotika überhaupt nötig sind, wird der Blick auf das, was die Natur eigentlich leistet, wieder frei, und die Rechnung, was sich lohnt, kann wieder neu gestellt werden.

Agroforstsysteme

In Mitteleuropa wurden viele Wälder zerstört, um der Landwirtschaft Platz zu machen. Diese Form der Landnutzungsänderung haben Europäer auch in die Tropen exportiert. In allen Regenwaldregionen der Erde müssen heutzutage hochdiverse Wälder großflächig einer mehr oder minder monotonen Landwirtschaft Platz machen. Dabei ließen sich viele tropische Lebensmittel und besonders wertvolle Exportgüter wie Kaffee oder Kakao auch in sogenannten Agroforstsystemen anbauen, die nicht nur Biodiversität schützen, sondern zudem das Wohlergehen von Menschen steigern.

Auf degradierten Flächen am Osthang der Anden in Peru wirtschaftet eine kleine Kakaobauernkooperative auf diese Weise. Die Bauern pflanzen zunächst krautige Pflanzen, welche die degradierten Böden, die andere Landwirte als unwirtschaftlich aufgegeben haben, rasch überwuchern. Unter diesem »grünen Teppich« werden Kakaobäume und bis zu 70 einheimische Baumarten gepflanzt. Überragen die kleinen Bäume die Krautschicht am Boden, geht diese zurück, hat allerdings bis dahin viel Stickstoff aus der Luft in fruchtbarem Boden gebunden. Zwischen den schnell wachsenden Nutzholz- und den langsam wachsenden Wertholzarten gedeihen nicht nur die Kakaobäumchen prächtig. Zusammen mit den krautigen Pflanzen am Boden, die Kunstdünger überflüssig machen, wachsen hier Obst-, Gemüse- und Gewürzpflanzen, die die Bauern nicht nur selbst nutzen, sondern auch auf lokalen Märkten verkaufen können. Weil die Vegetation am Boden den Bestäubern der Kakaoblüten – winzigen, empfindlichen Bartmücken – hervorragende Lebensbedingungen bietet, fruchten mehr Bäume. Krankheiten, die in Monokulturen zum Problem werden, werden von der Vielzahl an Insekten, darunter etwa speziellen Ameisen, die Schimmelpilzsporen absammeln, in Schach gehalten. Das erspart den Einsatz von gesundheitsbelastenden Pestiziden. Das neu entstandene Ökosystem erhält die Bodenfruchtbarkeit dauerhaft, was das Abbrennen intakter Wälder für die Neugewinnung von Anbauflächen für Kakao unnötig macht. Am Ende wird in solchen artenreichen Agroforstsystemen nicht nur mehr Kakao geerntet als in vielen Monokulturen, sondern durch den Anbau verschiedener Nutzpflanzen auch die Lebensqualität und das Einkommen der Kleinbauern erhöht und Biodiversität gefördert. Und das alles da, wo vorher traurige Ödnis war!

Ein Holzbohlensteg im Hochmoor Hohes Venn macht den Besuch im Naturparadies möglich.

Eine weitere Kunst besteht darin, neue »Geschäftsmodelle« für die Nutzung von Ökosystemen zu finden. Neben Modellen nachhaltiger Lebensmittelproduktion wie dem Agroforstsystem haben viele Initiativen des nachhaltigen Tourismus in den letzten Jahren Regionen vor größerem Biodiversitätsverlust bewahrt. Costa Rica geht hier mit gutem Beispiel voran. Selbst Schutzgebiete können in solche nachhaltigen Tourismuskonzepte integriert werden, und mit Tourismus, der auch die sozialen Strukturen vor Ort fördert, können Einkommensquellen jenseits der Wilderei entstehen. Auch der Verkauf von Kompensationszertifikaten kann eine Möglichkeit sein, mit dem Erhalt biologisch wertvoller Flächen (zum Beispiel von Mooren und Wäldern) Geld zu verdienen.

Der Schutz von Biodiversität muss also nicht zwangsläufig bedeuten, dass wir Gebiete schaffen, die kein

Mensch je mehr betreten darf. Wir müssen lediglich in guter alter Nachhaltigkeitstradition dafür sorgen, dass wir den Systemen nicht mehr abverlangen, als sie in der Lage sind, wieder neu zu schaffen.

KAPITEL 12

Und wer kümmert sich drum?

Wir haben also gesehen, was dringend passieren muss, wenn wir Biodiversität und damit die Grundlage unserer Existenz nicht weiter gefährden wollen. Die Frage ist nun noch: »Wer kümmert sich drum?« Dabei kann sich niemand ganz herausnehmen: Akteure aus Politik, Wirtschaft und Zivilgesellschaft müssen je unterschiedliche Aufgaben und Rollen übernehmen, um die biologische Vielfalt zu retten. Wir haben das unter den drei Schlagworten »Regeln, Rubel, Relevanz« zusammengefasst.

Wir regeln das – Konventionen und Gesetze

Ökosysteme machen nicht an Ländergrenzen halt, und genauso wenig haben Tiere und Pflanzen eine Staatsangehörigkeit. Regeln über den Schutz von Biodiversität machen daher nur länderübergreifend Sinn. Das hat die Staatengemeinschaft zum Glück schon vor längerer Zeit begriffen.

In den 1960er- und 1970er-Jahren war der Handel mit »Wildwaren« groß in Mode: Handtaschen aus Krokodilleder, Schirmständer aus Elefantenfüßen, Mäntel aus Leopardenfell oder Möbel aus Tropenholz waren sehr gefragt. So sehr, dass viele Arten sehr dramatisch dezimiert wurden oder sogar kurz vor der Ausrottung standen. Um das zu unterbinden, wurde 1973 das internationales Abkommen über den grenzüberschreitenden Handel mit gefährdeten Arten wild lebender Tiere und Pflanzen geschlossen, das sogenannte **Washingtoner Artenschutzabkommen** oder kurz **CITES** (Convention on International Trade in Endangered Species of Wild Fauna and Flora). Es reguliert den internationalen Handel mit wild lebenden Tier- und Pflanzenarten und Teilen von diesen und soll so deren Bedrohung durch kommerzielle Ausbeutung verhindern.

Gemäß CITES gilt für einige besonders gefährdete Arten ein totales Handelsverbot, andere bedrohte oder seltene Arten dürfen nur mit Genehmigung gehandelt werden, sofern eine nachhaltige Nutzung belegt ist. Bis heute zählt CITES 183 Unterzeichnerländer, in denen das Abkommen als Instrument verbindlichen internationalen Rechts dient. Der Vollzug des Abkommens obliegt den nationalen Behörden, in Deutschland dem Bundesamt für Naturschutz. Zu den Erfolgen des Artenschutzabkommens werden gemeinhin das Verbot des Handels mit Walfleisch oder Krokodilleder gezählt, beides Produkte von Tiergruppen, die in den 1970er-Jahren kurz vor dem Verschwinden waren und dessen Populationen sich anschließend wieder erholen konnten. Damit ist aber die Kuh nicht vom Eis, denn man darf nicht vergessen, dass das Abkommen nur den internationalen Handel regelt.

Der innerstaatliche Handel mit gefährdeten Tier- und Pflanzenarten fällt nicht unter das Abkommen, genauso wenig wie das Fangen gefährdeter Tierarten in den eigenen Hoheitsgewässern oder das Töten gefährdeter Tierarten. Der Schutz von Ökosystemen, in denen gefährdete Arten leben, ist ebenfalls nicht Bestandteil von CITES.

Um diese Lücken zu schließen, wurde 1992 auf der für Umweltfragen auch in anderen Punkten einschneidenden Konferenz der Vereinten Nationen für Umwelt und Entwicklung (UNCED) in Rio de Janeiro das **Übereinkommen über die biologische Vielfalt (Convention on Biological Diversity, CBD)** verabschiedet. Die drei darin festgelegten Ziele sind

1. der Erhalt der Biodiversität auf Ebene von Arten, Genen und Ökosystemen,
2. die nachhaltige Nutzung ihrer Bestandteile,
3. die gerechte Aufteilung der aus der Nutzung der genetischen Ressourcen resultierenden Vorteile.

Souvenir, Souvenir ...

Die Asservatenkammern der Flughafenzollbehörden gleichen einem Kuriositätenkabinett. Portemonnaies aus Elefantenleder und Kobrahäuten bringen zum Glück nur noch vereinzelte Reisende mit. Aber geschützte Kakteen, Korallen, Muscheln und Federn finden sich immer noch im Reisegepäck vieler Touristen. »War doch schon tot« oder »Lag doch

Souvenirstand: Was hier verkauft wird, ist oft illegal.

am Strand« ist dabei aber kein Argument! Zurzeit ist nach CITES der Handel mit fast 830 Arten vollständig untersagt, für weitere 33 000 Arten sind Ausfuhrgenehmigungen nötig. Bei Zuwiderhandeln wird das Produkt beschlagnahmt und ein Bußgeld- oder sogar Strafverfahren eingeleitet. Unwissenheit schützt dabei nicht und auch keine vom Verkäufer aufgesetzte Ausfuhrgenehmigung – die können nur die zuständigen Behörden in einem amtlichen Verfahren ausstellen. Im Zweifel also lieber gleich die Finger weg oder auf der Zoll-App »Zoll und Reise« checken, was man mitnehmen darf und was nicht.

Grundsätzlich gilt: »Natur« – und sei es nur in Teilen – sollte lieber in den Ursprungsländern bleiben, als bei uns in Regalen zu verstauben. Je weniger von Touristen nachgefragt und gekauft wird, umso weniger wird gefangen, gesammelt oder getötet!

Die CBD ist das weltweit umfassendste Abkommen zum Schutz der Natur und der Sicherung der natürlichen Lebensgrundlagen des Menschen. Sie ist ein sogenanntes Rahmenabkommen, welches wiederum durch Beschlüsse der Vertragsstaatenkonferenzen (Conference of the Parties, **COP**) und deren Protokolle zu bestimmten Themen (z. B. das Nagoya-Protokoll für den Umgang mit genetischen Ressourcen) konkretisiert wird. Die Vertragsstaaten verpflichten sich dabei rechtlich verbindlich auf die Überführung der Ziele in nationale Biodiversitätsstrategien und Aktionspläne und deren Verankerung im nationalen Recht. Was der Konvention aber bei allem guten Willen und bei aller Rechtsverbindlichkeit fehlt, ist ein wirksamer Sanktionsmechanismus, der die Vertragsstaaten mit der nötigen Ernsthaftigkeit an die Umsetzung der Strategien erinnert.

Die nationale Antwort

Die deutsche Bundesregierung hat 2007 die »Nationale Strategie zur biologischen Vielfalt« formuliert. In ihr sind rund 330 konkrete und durchaus ambitionierte Zielvorgaben zu allen biodiversitätsrelevanten Themen beschrieben. Hierzu gehören zum Beispiel quantifizierte Ziele wie »Bis zum Jahre 2020 kann sich die Natur auf zwei Prozent der Fläche Deutschlands wieder nach ihren eigenen Gesetzmäßigkeiten ungestört entwickeln und Wildnis entstehen« (hier sind nicht nur Waldflächen gemeint).

Der Erfolg der Zielerreichung wird in regelmäßigen Abständen anhand eines Indikatorensets und entsprechender Rechenschaftsberichte überprüft. 2014 kam der Indikatorenbericht zu so ernüchternden Ergebnissen, dass im darauffolgenden Jahr die **»Naturschutz-Offensive 2020«** formuliert wurde mit 40 vordringlichen Handlungsmaßnahmen. Der letzte Rechenschaftsbericht von 2017 lässt sich grob wie folgt zusammenfassen:[1] In den Bereichen nachhaltige Forstwirtschaft und Landschaftszerschneidung sieht es ganz gut aus. In den meisten anderen Bereichen – wie beispielsweise beim Gewässerzustand, ökologischen Landbau, bei der Flächeninanspruchnahme oder Stickstoffbelastung – sind wir leider noch deutlich unter den Zielmarken, wenn auch überwiegend ein positiver Trend zu sehen ist –

was hoffen lässt, dass die Naturschutz-Offensive zumindest in die richtige Richtung weist.

Gravierende Ausnahme: die Artenvielfalt. Hier zeichnet sich sogar ein Trend weg vom Zielwert (dem Zustand der Artenvielfalt im Jahre 1975) ab. Es gibt also noch viel zu tun!

Die geringe Wirkung des ersten internationalen Rahmenabkommens zeichnete sich bereits in den frühen 2000er-Jahren ab, sodass 2010 auf der 10. Vertragsstaatenkonferenz (COP 10 in Nagoya, Präfektur Aichi, Japan) ein Zehnjahresplan mit 20 konkreten Einzelzielen, den sogenannten AICHI-Zielen, beschlossen wurde. Leider konnte bis jetzt auch unter diesen Zielen kein Haken gemacht werden, sodass AICHI nun durch ein neues, robusteres System von Schutzzielen ersetzt werden soll, welches 2020 auf der COP 15 in Peking zu verabschieden wäre.

Das alles klingt ernüchternd, aber man darf den Wert der CBD und der in ihr formulierten gemeinsamen Vision dennoch nicht unterschätzen, denn auch wenn ihre Umsetzung zu langsam verläuft, ist die Alternative nicht besser: Ohne eine internationale Konvention zum Schutz der Biodiversität hätten wir sicher weniger ausgewiesene Schutzgebiete, wir hätten weniger Modelle zur nachhaltigen Nutzung von Ökosystemen, eine schlechtere wissenschaftliche Datengrundlage, und das ganze Thema hätte sicher einen geringeren Stellenwert. Vermutlich wüssten wir noch weniger darüber Bescheid, was um uns herum passiert.

In dem Moment, in dem die Dringlichkeit endlich ausreichend wahrgenommen und der Wille zum Schutz von Biodiversität zwingend wird – und diesem Zeitpunkt nähern wir uns zwangsläufig, da es um die Biodiversität täglich schlechter bestellt ist –, haben die Verantwortlichen durch die CBD dann wenigstens die Instrumente und die rechtliche Klarheit zum Handeln. Das regelmäßige »Gemessen-Werden« an gemeinsamen Zielen durch die COP ist zudem der ständige Fingerzeig darauf, dass die bisherigen Maßnahmen unzureichend sind und die Anstrengungen erhöht werden müssen. Solange die Vision nicht aufgegeben wird und Ziele nicht nach unten korrigiert, sondern Maßnahmen verschärft werden, ist die kontinuierliche Justierung sinnvoll und das Instrument nicht völlig wirkungslos.

Eine für den europäischen Biodiversitätsschutz wichtige Richtlinie, die aus den Verpflichtungen der CBD hervorgegangen ist, ist die **Flora-Fauna-Habitat-Richtlinie** (FFH), die wild lebende Arten und ihre Lebensräume schützt und die europäische Vernetzung dieser Lebensräume sichern soll. Eine zentrale Position der Richtlinie ist, dass Arten nur erhalten werden können, wenn auch ihre Lebensräume geschützt werden. Ziel ist daher die Schaffung eines europäischen Netzwerks von Schutzgebieten, genannt **NATURA 2000**, in der die in der **EU-Vogelschutzrichtlinie** verankerten Schutzgebiete verknüpft werden. Diese europaweite Vernetzung ist deshalb bedeutsam, weil viele Tiere (besonders Zugvögel) nicht an Landesgrenzen haltmachen und so auf ihrer gesamten Route auf intakte Ökosysteme angewiesen sind. Ein Storch, der auf seinem Rückweg von

Spanien im Elsass keine Wiesen mit Fröschen oder Mäusen mehr findet, wird in der Uckermark nicht ankommen. Die Heimatstaaten der NATURA-2000-Gebiete sind verpflichtet, in den ausgewiesenen Gebieten für einen in der FFH-Richtlinie definierten »günstigen Erhaltungszustand« der jeweils bedeutsamen Artvorkommen und Lebensräume zu sorgen und alle sechs Jahre an die Kommission Bericht zu erstatten. Das klingt doch nach einem anständigen Housekeeping!

Miles and More

Für 28 000 Meilen eine Hängematte oder für 30 000 Meilen einen Rollkoffer? Nicht nur, dass Küstenseeschwalben mit diesen Prämien aus dem Frequent-Flyer-Bonuskatalog großer Fluggesellschaften wenig anfangen könnten, ihr Meilenkonto würden zudem regelmäßig überlaufen. In ihrem bis zu 30 Jahre langen Leben absolvieren diese Tiere schon mal 2,5 Millionen Flugkilometer, und das ganz ohne Tomatensaft und In-Flight-Entertainment. Die etwa 100 Gramm schweren Vögel brüten im Sommer in der Arktis. Selbst wenn sie ihre Überwinterungsgebiete in der Antarktis danach in direkter Luftlinie anfliegen würden, würden sie eine jährliche Wanderung von 35 000 Kilometer hinter sich bringen. Sie fliegen aber s-förmig und erreichen so pro Jahr Wanderstrecken von 90 000 bis 96 000 Kilometern! Der Vorteil dieses Flugmarathons: Küstenseeschwalben sehen acht Monate pro Jahr die Sonne nicht untergehen – und können so als visuelle Jäger besonders viel Beute machen.

Profiteure des Naturschutzes: Säbelschnäbler an der Nordsee

Manche Tierarten wandern sogar so weit, dass auch ein europaweiter Schutz für sie zu wenig ist. Für sie hat die Staatengemeinschaft 1979 die **Bonner Konvention** (Convention on Migratory Species) formuliert. Die bis 2019 gelisteten 130 Unterzeichnerstaaten vereinbarten darin den besonderen Schutz wandernder Tierarten und ihrer Lebensräume.

Um den Erfolg solcher internationaler Konventionen zu garantieren, braucht es, wie bereits erwähnt, nationale gesetzliche Grundlagen. Wichtigste Rechtsgrundlage des Naturschutzes in Deutschland ist das Bundesnaturschutzgesetz (BNatSchG), das sowohl der Umsetzung der Biodiversitätskonvention dient als auch die Flora-Fauna-Habitat-Richtlinie und die Vogelschutzrichtlinie in nationales Recht umsetzt. Bereits Paragraf §1 formuliert ein klares Bekenntnis zum Biodiversitätsschutz (siehe Kasten).

In den darauffolgenden Paragrafen finden sich konkrete Regelungen unter anderem zum Arten- und Gebietsschutz, zur Kompensation von Eingriffen in Natur und Landschaft, zu Biotopverbund und -vernetzung und zum Meeresnaturschutz.

Bundesnaturschutzgesetz

§ 1 Ziele des Naturschutzes und der Landschaftspflege

(1) Natur und Landschaft sind auf Grund ihres eigenen Wertes und als Grundlage für Leben und Gesundheit des Menschen auch in Verantwortung für die künftigen Generationen im besiedelten und unbesiedelten Bereich nach Maßgabe der nachfolgenden Absätze so zu schützen, dass

1. die biologische Vielfalt,
2. die Leistungs- und Funktionsfähigkeit des Naturhaushalts einschließlich der Regenerationsfähigkeit und nachhaltigen Nutzungsfähigkeit der Naturgüter sowie
3. die Vielfalt, Eigenart und Schönheit sowie der Erholungswert von Natur und Landschaft auf Dauer gesichert sind; der Schutz umfasst auch die Pflege, die Entwicklung und, soweit erforderlich, die Wiederherstellung von Natur und Landschaft (allgemeiner Grundsatz).

Das Gesetz kennt klare Sanktionen für Zuwiderhandlung, auch wenn hier verschiedene Interessen aufeinanderstoßen. Und das ist gut so! So manches Bauvorhaben kommt zum Stillstand, weil dadurch Lebensräume schützenswerter Tier- oder Pflanzenarten bedroht oder zerstört würden. Gerne wird da an Stammtischen über die eine Kröte gewitzelt, die mal wieder eine für die Gemeinde wichtige Gewerbeansiedlung verhindert. Aber es geht hier selten nur um die eine Kröte, sondern um ihr Habitat und den erbitterten Kampf, ein Mindestmaß an Lebensräumen zu erhalten, die wir für eine gesunde Biodiversität so dringend brauchen. Es ist ja weniger die einzelne biodiversitätsstörende Maßnahme, die unsere Welt ins Wanken bringt, als vielmehr die Vielzahl an Störungen, die nicht mehr zu verkraften ist. Wir brauchen also ein klares Bekenntnis dafür, dass wir gewisse Eingriffe nicht mehr zulassen, dass es beispielsweise nicht mehr erlaubt ist, den Lebensraum einer besonders bedrohten Kröte zu zerstören, egal, ob alle etwas für die Kröte übrighaben oder nicht. Wenn wir das nicht tun, wenn wir in jedem einzelnen Fall die Entscheidung nur auf lokaler Ebene treffen und nicht nach nationalen (oder internationalen) Regelungen, dann werden oft genug kurzfristige finanzielle Interessen über mittelfristige Umweltinteressen siegen und in der Summe ein langfristiger Erhalt der Biodiversität nicht möglich sein. Auch bei Biodiversität gilt: Einer für alle und alle für einen!

Nachlässigkeit wird teuer

Ein Beispiel für ein nationales Gesetz, das der Umsetzung von EU-Richtlinien dient, für die die EU sogar Sanktionsmechanismen installiert hat, ist das **Düngegesetz**. Es regelt insbesondere die Anforderungen an das Inverkehrbringen und die Anwendung von Düngemitteln, Bodenhilfsstoffen, Pflanzenhilfsmitteln und Kultursubstraten in der Landwirtschaft.

Dabei sollen die Ernährung von Nutzpflanzen und die Fruchtbarkeit des Bodens sichergestellt werden, gleichzeitig Gefahren für die Gesundheit von Menschen und Tieren sowie für den Naturhaushalt vorgebeugt und ein nachhaltiger, ressourceneffizienter Einsatz sichergestellt werden. Das Gesetz gibt die Richtung vor, Verordnungen konkretisieren die Umsetzung. Die **Düngemittelverordnung** regelt die Zulassung und Kennzeichnung von Düngemitteln, die **Düngeverordnung** präzisiert die Anforderungen an die gute fachliche Praxis der Düngung (etwa bezüglich der Mengen und der Ausbringungsform). Nach Ansicht der Europäischen Kommission stellte die deutsche Düngeverordnung von 2017 jedoch eine unzureichende Umsetzung der europäischen Nitratrichtlinie zum Grundwasserschutz dar. Sie hat ein Vertragsverletzungsverfahren eingeleitet, das vom EuGH bestätigt wurde. Die Bundesregierung musste bis 2020 den europäischen Richtlinien entsprechende Änderungen der Verordnung vornehmen. Diese wurden am 27. März 2020 vom Bundesrat gebilligt. Es wird davon ausgegangen, dass die EU nun das Verfahren einstellt. Wäre das nicht gelungen, drohten dem Bund Zwangsgelder von bis zu 890 000 Euro – und zwar für jeden Tag der Nichtumsetzung.

Der Rubel rollt – Geld und Finanzinstrumente

Mit Gesetzen und Verordnungen bestimmen wir, was geht und was nicht. Wir verbieten Handel und kommerzielle Ausnutzung wilder Tiere oder das Zerstören von Lebensräumen, und wir verpflichten zu Ausgleichsmaßnahmen oder zur Einhaltung von Grenzwerten. Eine andere Herangehensweise, die solche Regularien sinnvoll ergänzt, ist, Unternehmen und Individuen durch finanziellen Anreiz freiwillig zu einem bestimmten Verhalten zu verleiten.

Ein solches Verhalten, das besonders in der Wirtschaft wichtig ist, ist die bereits angesprochene nachhaltige Bewirtschaftung von Ökosystemen. Eine solche Bewirtschaftung funktioniert gut, wenn der, der den Nutzen aus der Ökosystemleistung zieht, auch derjenige ist, der das Ökosystem schützen kann, wie zum Beispiel der Shrimp-Farmer, der bei ökologischer Bewirtschaftung der Mangroven von niedrigeren Investitionskosten einerseits und höheren Verkaufspreisen andererseits profitiert.

Aber oft sind potenzielle Nutzer und verantwortliche Schützer nicht identisch. Nehmen wir als Beispiel die Regenwälder: Die ganze Welt profitiert davon, wenn sie

Auch der Komodowaran ist Touristenmagnet und sein Schutz zentral für die Wirtschaft Komodos und der Kleinen Sundainseln (Indonesien).

erhalten bleiben, die wenigsten Länder fühlen sich aber für ihren Schutz verantwortlich oder haben rechtliche Mittel, um Schutzmaßnahmen für sie durchzusetzen. Diejenigen Länder, die über Regenwälder verfügen, sind zwar auch Teil der Nutznießer der biologischen Vielfalt der Wälder, stehen aber oft vor der Entscheidung, sie unberührt zu lassen und so langfristig der Weltgemeinschaft einen Dienst zu erweisen oder Teile von ihnen zu roden, für Landwirtschaft oder Ressourcenabbau nutzbar zu machen und dem eigenen Land dadurch (zumindest in Teilen) kurz- bis mittelfristigen finanziellen Nutzen zu verschaffen. Der Schutz der Wälder kommt also insgesamt allen zugute, den Verzicht auf die Nutzung schultern aber nur die wenigen Menschen vor Ort.

Eine Antwort auf das Dilemma, dass Last und Nutzen des Schutzes von Biodiversität nicht gerecht verteilt sind, wäre, dass die Länder, auf deren Fläche die Ökosysteme liegen, nicht mit deren Zerstörung ihr Geld verdienen, sondern für deren Erhalt von den anderen Nutznießern dieser Ökosysteme entlohnt werden. Man spricht in diesem Zusammenhang von **Zahlungen für Ökosystemleistungen** oder **PES** (Payments for Ecosystem Services). Dabei erhalten beispielsweise Landwirte oder Grundbesitzer (in diesem Fall die Verkäufer der Ökosystemleistung) Ausgleichszahlungen von Nutzern oder Profiteuren (den Käufern) jener Leistungen, die das Ökosystem auf ihrem Grund vollbringt, wenn sie es schützen.

2015 flossen laut einer Studie der Universität von Los Angeles weltweit ungefähr 36 Milliarden US-Dollar in PES-Programme. Der größte Anteil davon fällt auf den

Schutz von Wassereinzugsgebieten. Ein sehr erfolgreiches Beispiel, auf das wir bereits im 6. Kapitel verwiesen haben, ist das Catskills Long-Term Watershed Protection Program, in dem die Stadt New York Landbesitzer im Wassereinzugsgebiet für die ökosystemerhaltende Bewirtschaftung ihrer Flächen (Erhalt von Vegetation, Vermeidung von Verschmutzung etc.) bezahlt und so die Wasserversorgung der Stadt New York sichert. Ein ähnliches Vorgehen wählte die Stadt Quito, Ecuador (siehe Kasten nächste Seite).

Gesicherte Wasserversorgung in Quito

In Ecuadors Hauptstadt Quito leben ungefähr 2,6 Millionen Menschen. Ihre Wasserversorgung hängt von Flüssen, Regenfällen und Grundwasser ab, überwiegend gespeist aus den Wassereinzugsgebieten des oberen Guayllabamba-Beckens der Anden. Die zunehmende Zerstörung von Mooren und Feuchtgebieten in dieser Andenregion, unter anderem durch nichtnachhaltige Viehzuchtpraktiken, setzte die Wasserversorgung der Stadt unter Druck. Daraufhin gründeten die städtischen Wasserbetriebe EPMAPS im Jahr 2000 zusammen mit der Naturschutzorganisation The Nature Conservancy eine auf 80 Jahre angelegte private Stiftung, die Fondo para la protección del agua (FONAG),[2] für die EPMAPS jährlich zwei Prozent seiner Erträge zur Verfügung stellt. Die Erträge der Stiftung wiederum fließen in Projekte zum Schutz der im Einzugsgebiet liegenden Ökosysteme. Mittlerweile (Stand 2018) werden jährlich über 2,5 Millionen US-Dollar in Aufforstung und nachhaltiges Wasser- und Agrarmanagement investiert, an dem mehr als dreieinhalb Tausend lokale Familien beteiligt sind. Über 28 000 Hektar wertvoller Ökosysteme fallen bereits unter diesen Schutz. Es wurden Forschungs- und Umweltbildungsprojekte initiiert und nicht zuletzt die Wasserversorgung Quitos gesichert. Der Return on Investment liegt laut einer Studie bei 2,5 US-Dollar pro investiertem Dollar. So kann's gehen!

Damit solche Programme erfolgreich und sinnhaft verlaufen, müssen verschiedene Bedingungen erfüllt sein. Unter anderem müssen auf Verkäuferseite ausreichend sichere Eigentumsverhältnisse über das betroffene Gebiet herrschen, damit die erstrebten Schutzmaßnahmen auch sicher umgesetzt werden können. Es muss zudem sichergestellt sein, dass die schädlichen Praktiken nicht einfach auf andere Flächen verlagert werden. Die Langfristigkeit des Engagements muss auf beiden Seiten garantiert sein, denn es braucht oft mehrere Vegetationsperioden, bis Schutzmaßnahmen ihre Wirkung erzielen und sich stabilisieren. Nur so können den beteiligten Bevölkerungen dauerhafte ökonomische Perspektiven geboten werden. Und um die ohnehin schwer zu beschaffenden Finanzmittel für den Erhalt von Ökosystemleistungen effizient einzusetzen, sollten die Zahlungen sich nur auf die Verbesserung oder die Bereitstellung zusätzlicher Ökosystemleistungen beziehen, die ohne die Programmleistungen nicht erfolgen würden.

Was dabei unbedingt vermieden werden muss, ist,

dass umweltschädliche Praktiken neu eingeführt werden (oder mit ihnen gedroht wird), um sich in der Folge für ihre erneute Einstellung bezahlen zu lassen. Zum anderen scheint es aber auch nicht richtig, Staaten oder Landbesitzer, die von sich aus auf den Schutz von Ökosystemen setzen, für ihr vorbildliches Verhalten zu bestrafen, indem man sie von PES-Förderungen ausschließt. Dies ist ein Abwägungsprozess, für den es solider Bewertungs- und Überprüfungsmechanismen bedarf, damit richtiges Engagement belohnt wird. Am Ende ist wichtig, dass Zahlungen nicht auf dem langen Weg durch Instanzen versickern, sondern tatsächlich vor Ort ankommen, also bei den Menschen, die für den Erhalt der Ökosysteme andere Nachteile in Kauf nehmen.

Speziell zum Schutz von Wäldern haben die UN das sog. **REDD+**-Programm (Reducing Emissions from Deforestation and Forest Degradation) initiiert. Das Programm belohnt Regierungen und lokale Gemeinschaften in Entwicklungsländern finanziell dafür, dass sie Entwaldung nachweislich reduzieren und Waldschädigungen verhindern. Die Zahlungen bemessen sich daran, wie viele CO_2-Emissionen durch das Engagement vermieden werden. Auch wenn das REDD+-Programm im Kern auf die Reduktion von CO_2-Emissionen zielt, gehen beim Erhalt von Wäldern Klimaschutz und Biodiversitätsschutz stark Hand in Hand: Bleibt der Wald, bleibt die Vielfalt. Die große Herausforderung von REDD+ besteht darin, geeignete Referenzzustände zu definieren, an denen man die potenziellen Einsparmengen und damit die Nützlichkeit der schützenden Maßnahmen bemessen kann. Auch in diesem Programm muss nachgewiesen werden, dass die zu vergütenden Einsparungen nur durch die REDD+ Maßnahmen erzielbar sind, also keine unnötige Förderung erfolgt. Die mangelnde Garantie dieser Anforderung ist ein zentraler Punkt von Kritikern des Programmes.

Yasuní ITT Trust Fund

Was passiert, wenn die Kosten für den Schutz wertvoller Naturräume nicht gerecht verteilt werden, zeigt sich am Beispiel des Nationalparks Yasuní (siehe auch Kapitel 1). Unter dem Gebiet des Parks befinden sich drei der größten Erdölvorkommen Ecuadors (Ishpingo, Tambococha und Tiputini – daher der Name ITT). 2007 bot der damalige Präsident Rafael Correa an, diese Vorkommen unangetastet zu lassen, sofern die Weltgemeinschaft Ecuador dafür im Gegenzug 3,6 Milliarden US-Dollar zur Verfügung stellen würde, um etwa die Hälfte der entgangenen Einnahmen aufzufangen. Die Forderung wurde weltweit kontrovers bewertet. Unterstützer lobten den innovativen Ansatz zur Lastenverteilung, während Kritiker den Vorwurf der Erpressung er-

Nationalpark Yasuní

hoben. Die von potenziellen Geberländern geforderte Mitsprache bei der Verwendung der Gelder wurde wiederum von Correa abgelehnt. Sechs Jahre später waren nur Zusagen für weniger als 10 Prozent der Summe eingegangen, sodass Correa seine Zusage, auf die Förderung von Öl zu verzichten, zurücknahm. In einer nationalen Ansprache sagte der Präsident, Ecuador habe von der Welt keine Wohltätigkeit erbeten, sondern eine Mitverantwortung angesichts des Klimawandels gefordert. 2016 begannen die ersten Bohrungen mit den zu erwartenden negativen Folgen für die Natur durch Rodungen, Errichtung von Infrastruktur, Verschmutzung, Lärm etc. Mittlerweile wachsen die Befürchtungen, dass auch das Kernstück des Parks, das eigentlich als »unberührbare Zone« ausgewiesen ist, weil in ihm zwei noch nicht kontaktierte indigene Volksstämme (Tagaeri und Taromenane) leben, vor der Erschließung nicht mehr sicher ist.

Kommen wir nun aber zum dritten Punkt der Präambel der Biodiversitätskonvention (CBD), der »gerechten Aufteilung der aus der Nutzung der genetischen Ressourcen resultierenden Vorteile« und dem sogenannten **Access and Benefit Sharing** (ABS). Woran die Mütter und Väter der Konvention dabei dachten, ist, dass in den Ökosystemen der Welt, ihren Pflanzen und Tieren, eine Unmenge an Ressourcen steckt, die zum Wohle aller Menschen genutzt werden können.

Nehmen wir wieder den Regenwald als Beispiel: Bei seinen Ressourcen geht es nicht nur um die vielen, oft pharmakologischen Rohstoffe, deren Verwendungsmöglichkeiten wir schon kennen, sondern auch um all das, was noch unentdeckt oder unverstanden im Dschungel schlummert (siehe auch Kapitel 4). Wir können noch sehr viel darüber lernen, wie natürliche Prozesse oder Symbiosen in intakten Ökosystemen funktionieren, wie Stoffe wirken und wie wir all dies zur Lösung technischer oder gesellschaftlicher Aufgaben nutzen können. Bionik ist hier ein Stichwort (siehe Kapitel 9). Auch das jahrtausendealte Erfahrungswissen indigener Völker ist von hohem Wert. An dem biodiversen Reichtum, vor allem dem Wissen und der Information, die in ihm steckt, haben daher viele internationale Konzerne, Universitäten und Forschungseinrichtungen Interesse.

Diesen interessierten Akteuren soll der Zugang zur Genialität der biologischen Vielfalt nicht verwehrt werden (Access), andererseits sollen sie die Vorteile aus der Verwertung dieser Ressourcen nicht monopolisieren, sondern teilen (Benefit Sharing). Hier gilt es insbesondere auf etwaige Machtasymmetrien in den Verhandlungspositionen zu achten, denn oft genug bekommen es marginalisierte Bauern und indigene Gemeinschaften in solchen Prozessen mit Rechtsabteilungen großer Unternehmen zu tun, was zu unterschiedlich vorteilhaften Verträgen führen kann. Helfen können dabei gegebenenfalls nationale und internationale Umweltschutzorganisationen, die die Interessen lokaler Bevölkerung bündeln und erfahrenen Rechtsbeistand liefern können.

Die Gila-Krustenechse …

… sieht so skurril aus, dass sie auch als »Gilamonster« bezeichnet wird. Mit maximal 50 Zentimeter Länge ist sie nicht gerade ein Riese unter den Reptilien, aber eines mit einem Riesenpotenzial für die Humanmedizin. Gilamonster produzieren in ihren Unterkieferdrüsen Gift mit einer Komponente, die bei Menschen mit Diabetes Typ 2 zu Gewichtsverlust und einem niedrigeren, gesunden Blutzuckerspiegel führt.[3] Das Marktpotenzial solcher Diabetesmedikamente lag schon 2015 bei geschätzten sechs Milliarden US-Dollar.[4] Viel Geld also, an dem auch diejenigen beteiligt werden sollten, bei denen das Gilamonster lebt. Denn auch wenn man sein Gift nach dieser medizinischen Entdeckung nicht mehr direkt braucht, weil der Wirkstoff im Labor nachgebaut werden kann, sind Gemeinschaften nötig, die artenreiche Lebensräume sichern. Nur so haben wir auch in Zukunft die Chance auf derart wertvolle Entdeckungen.

Übrigens: Obwohl wegen seines Giftes für Menschen durchaus gefährlich, muss man ein Gilamonster in seiner nord- und mittelamerikanischen Wüstenheimat schon sehr ärgern, bis es einen Menschen beißt. Nur 14 Vergiftungsfälle sind bisher bekannt.

Die gerechte Verteilung des Nutzens solcher Ökosystemleistungen wurde im **Nagoya Protokoll** von 2010 konkretisiert. Das Protokoll legt zum Beispiel fest, dass das Land oder die Organisation, die Zugang zu der Ressource erstrebt, hierfür die Einwilligung des Ursprungslandes benötigt. Beide Parteien müssen sich über die Regelungen zum »Benefit Sharing« einigen, wobei insbesondere die Interessen der indigenen und lokalen Bevölkerung gewahrt werden müssen. Dabei geht es sowohl um den Schutz weiterer Nutzungsrechte als auch darum, den Wert traditionellen Wissens anzuerkennen und zu entlohnen. Der gerechte »Vorteilsausgleich« soll dabei nicht nur Lizenzzahlungen und Gewinnbeteiligungen beinhalten, sondern auch Joint Ventures, Technologietransfers oder sogenanntes Capacity Building, also den Aufbau von eigenen Kompetenzen vor Ort, damit über die Nutzung der genetischen Ressourcen ein Beitrag zur Armutsbekämpfung und zur nachhaltigen Entwicklung des Ursprungslandes geleistet wird (z. B. der Wissenstransfer durch Forschungskooperationen mit einheimischen Universitäten).

Indem die Vorteile aus der Nutzung genetischer Ressourcen gerecht verteilt werden, wird ein Anreiz geschaffen, Biodiversität zu erhalten und damit lokaler Bevölkerung, aber auch der Menschheit insgesamt einen Dienst zu erweisen.

Neben diesen an Marktmechanismen angelehnten Instrumenten, die private Finanzierung miteinschließen, bleibt natürlich die Möglichkeit der politischen

Lenkungswirkung durch Subventionen aus öffentlichen Mitteln. Hier denkt man sofort an die viel gescholtenen Agrarsubventionen. Dieses System besteht aus zwei Säulen: Die erste Säule sind die flächengebundenen Subventionen, das sind Direktzahlungen für jeden bewirtschafteten Hektar. Die zweite Säule sind leistungsgebundene Subventionen, die in Abhängigkeit vom Beitrag für Umwelt und Gesellschaft gezahlt werden. Der Umbau weg von industrieller Monokultur und Massentierhaltung hin zu mehr biologischem Landbau ließe sich durch eine Verschiebung in Richtung der zweiten Säule fördern. Als förderungswürdige Praktiken gelten dabei etwa ökologische Ausgleichsflächen und Blühstreifen an Äckern (um die Artenvielfalt zu fördern), Randstreifen an Bächen und Teichen sowie eine Begrenzung des Stickstoffeinsatzes je Hektar (um den Düngereintrag in Gewässer zu reduzieren) oder das Einhalten von Fruchtfolgen, um Monokulturen zu reduzieren. Derzeit dominieren bei Weitem noch die Zahlungen der ersten Säule, was dazu führt, dass intensiv arbeitende Großbetriebe und Agrarkonzerne überdurchschnittlich von Subventionen profitieren, während Betriebe, die extensiv und ökologisch wirtschaften (und überproportional viele Menschen beschäftigen), die geringsten Zuschüsse bekommen. Die EU verhandelt derzeit über den neuen mehrjährigen Finanzrahmen für die kommenden sieben Jahre und damit auch die Pläne der zukünftigen Agrarsubventionen. Hoffen wir das Beste!

Virusforschung am Mamala-Baum

Ende der 1980er-Jahre begann der Biologe Dr. Paul Alan Cox vom Institute for Ethnomedicine (Wyoming, USA), die traditionellen Heilmethoden der Falealupo-Region auf Samoa zu studieren. Sein besonderes Interesse galt dem Mamala-Baum, dessen Bestandteile von den Einheimischen zur Behandlung von Gelbfieber und akuten viralen Infektionen genutzt werden. In Zusammenarbeit mit dem US National Cancer Institute (NCI) und der Aids Research Alliance (ARA) konnte in der Rinde des Baumes das Protein »Prostratin« identifiziert werden, dessen Einsatz unter anderem in der HIV-Therapie untersucht werden sollte.

Etwa zur selben Zeit, 1988, verpflichtete die Regierung Samoas die Region Falealupo zum Bau einer Grundschule. Um die Kosten dafür tragen zu können, wurden reichlich Rodungsrechte an ein privates Holzunternehmen veräußert. Um den Regenwald und mit ihm den Mamala-Baum zu schützen, verhandelte Dr. Cox 1989 das erste ABS-Abkommen mit der Gemeinde Falealupo. Es folgten ABS-Abkommen der Aids Research Alliance (2001) sowie der University of California, Berkeley (2004) mit der Regierung Samoas. Die wesentlichen Ergebnisse dieser Abkommen:[5]

- Finanzierung des Schulbaus durch die Forschergruppe,
- Rückerwerb der Rodungsrechte und Schutzgarantie des Regenwaldes für 50 Jahre,
- unbeschränkter Zugang zum Wald zu Forschungszwecken, wobei dabei Schaden von ihm fernzuhalten ist,

- Anerkennung der geistigen Eigentumsrechte der indigenen Bevölkerung an dem Wissen um die Heilwirkung des Mamala-Baumes,
- Beteiligung der Bewohner Falealupos sowie des Staates Samoa an Profiten aus einer eventuellen Kommerzialisierung der Forschungsergebnisse.

In der Folge der Forschungszusammenarbeit gründete sich zusätzlich die NGO Seacology, die den Ökotourismus mit 100 000 US-Dollar unterstützte und weitere 300 000 US-Dollar in das Schul- und Gesundheitssystem Samoas investierte.

Mittlerweile wird die Wirkung des Proteins auch im Zusammenhang mit Krebs und Alzheimer-Erkrankungen erforscht.

Von großer RELEVANZ – NGOs und Engagement

Um Biodiversität langfristig erfolgreich zu schützen, braucht es neben den politisch oder ökonomisch Handelnden natürlich auch all jene, die sich freiwillig engagieren. Das können Privatpersonen oder Unternehmen sein, die eine Naturschutzorganisation (Nongovernmental Organization, NGO) gründen, ihr beitreten oder sie finanziell unterstützen. Etwa hundert dieser Organisationen sind im Deutschen Naturschutzring (DNR), dem deutschen Dachverband von Natur-, Tier- und Umweltschutzorganisationen, zusammengeschlossen.

Diese Akteure des Biodiversitäts- und Naturschutzes brauchen natürlich Geld. Viele Organisationen werben

Immer mehr Menschen spenden nicht nur Geld, sondern werden selbst aktiv: Müllsammler am Rhein.

öffentliche Fördergelder aus den Bundes- oder EU-Haushalten ein, manche verfügen über Stiftungsgelder, und nahezu alle sind auf freiwillige Spenden angewiesen. Im Jahr 2019 spendeten die Deutschen nach Angaben des deutschen Spendenrats insgesamt 5,14 Milliarden Euro, davon ungefähr drei Viertel für Katastrophenhilfe. Immerhin 3,5 Prozent (180 Millionen Euro) gingen an den Natur- und Umweltschutz, 5,9 Prozent (303 Millionen Euro) an den Tierschutz.[6] Interessanterweise ist die gesamte Spendensumme in Deutschland zwischen 2018 und 2019 um 3,5 Prozent gesunken – der einzige Spendenzweck, der im Vergleich zum Vorjahr Einnahmenzuwachs verzeichnen konnte, ist der Natur- und Umweltschutz (4 Prozent Zuwachs). »Fridays for Future« und »Rettet die Bienen« sei Dank!

Citizen Science: Alle Vögel zählen

Nicht nur mit Geld, auch mit Beiträgen zur wissenschaftlichen Forschung engagieren sich Privatpersonen im Umweltschutz.

Viele Vögel reagieren sehr sensibel auf Veränderungen in ihrer Umwelt und wirken damit wie ein Warnsystem. Damit es ihnen gut geht, müssen sie Nahrung, Partner, Nistplätze und Schutz finden. Wird das Nahrungsangebot geringer oder verändern wir ihre Lebensräume stark, nimmt ihr Bestand ab. Und weil sie in nahezu allen Landschaftsformen anzutreffen und aufgrund ihres oft auffälligen Verhaltens (z. B. Balzflüge, Reviergesang) auch gut zu beobachten sind, lassen sich entsprechende Daten gut erfassen. Das machen sich sogenannte Citizen-Science-Projekte zunutze, wie das NABU-Programm »Stunde der Gartenvögel«.[7] Im Rahmen dieses Projekts sind jedes Jahr am zweiten Maiwochenende alle Bürger aufgerufen, eine Stunde lang Vögel in ihrer Nähe zu zählen und damit wissenschaftliche Datenbanken zu füllen. So entsteht ein wichtiger Indikator für den Zustand unserer Biodiversität. Mitzählen ist ein wichtiger Forschungsbeitrag und macht obendrein Spaß!

Bereit zur Zählung – ein Stieglitz

Wie entscheiden Naturschutzorganisationen dann aber, in welchen Projekten sie sich mit diesem Geld engagieren? Sind Aktionen zum Schutz von Luchsen dringender als die zum Schutz von Eisbären? Sind Regenwälder in Afrika systemrelevanter oder doch die Korallenriffe vor den Küsten Asiens? Oft sind es Werdegänge und persönliche Interessen der Gründer*innen, welche die Themenschwerpunkte der Arbeit definieren. Darüber hinaus haben alle großen Naturschutzorganisationen Regeln dafür aufgestellt, welche Art von Hilfe sie leisten und wie die Projektgebiete ausgewählt werden, in denen ihr Geld die größte Naturschutzwirkung erzielt – basierend auf wissenschaftlichen Erkenntnissen und Empfehlungen der IUCN, die die Roten Listen der bedrohten Arten und Ökosysteme führt. Sie alle haben hieraus Weltkarten abgeleitet, die die Regionen zeigen, in denen der Großteil ihrer Projekte angesiedelt sein sollte.

Dabei ist es für die Organisationen oft eine große Herausforderung, den Wünschen der Spender ebenso gerecht zu werden wie die Mittel dort und so einzusetzen, wie es am sinnvollsten ist. Um Biodiversität langfristig zu schützen, kann es beispielsweise sinnvoll sein, eine professionelle Lobbykampagne im EU-Parlament zu starten, die höchsten Löhne im Einsatzgebiet zu bezahlen, um die besten Fachleute zu bekommen, oder teure Juristen in Deutschland anzuheuern. Viele Spender möchten aber lieber hören, dass ihre Zuwendung für die Ausrüstung von Wildhütern oder den Kauf von Geländewagen ausgegeben wurde als für Verwaltung oder Werbung. Daher lassen sich mit Kampagnen für bestimmte Maßnahmen auch mehr Gelder sammeln als mit Spendenbitten für die Organisation allgemein.

Ist eine Spende mit einer Zweckbindung versehen worden, darf sie auch nur für diesen Zweck ausgegeben werden. Ein Dilemma für die Naturschutzorganisationen, denn an anderen Stellen mag Geld fehlen. Hinzu kommt, dass der Verwaltungsaufwand bei ungebundenen Spenden geringer ist, weil für sie nicht eigene Konten geführt werden müssen. Das Deutsche Zentralinstitut für Soziale Fragen (DZI), welches das Deutsche Spendensiegel vergibt, rät daher, Zweckspenden nur in Ausnahmefällen zu tätigen, um den Spendenempfängern mehr Flexibilität und Effizienz beim Einsatz der Spendenmittel zu ermöglichen.

Sanfter Riese und Großverdiener

Für Berggorillas spenden die Deutschen gerne. Dabei brauchen gerade sie unsere Spendenhilfe eigentlich kaum noch. Berggorillas kommen nur noch in zwei getrennten Populationen in Zentralafrika vor: im Bwindi Impenetrable Forest Nationalpark in Uganda und im Virunga Nationalpark in Ruanda. Für beide Gebiete zusammen schätzte man die Gesamtpopulation auf mindestens 1000 Tiere,[8] von denen etwa 600 in Ruanda und 400 in Uganda leben.

Berggorillas verdienen das Geld für ihren Schutz selbst.

Nur 186 der Gorillas im

Virunga sind nicht an Menschen gewöhnt. Die anderen (70 Prozent!) werden täglich von Menschen besucht und stehen unter ständiger Beobachtung, was Wilderei oder eine Zerstörung ihres Lebensraums im Grunde unmöglich machen. Wo Geld für ihren Schutz notwendig ist, finanzieren die Gorillas sich de facto selbst: In beiden Parks werden 80 Besuchserlaubnisse pro Tag ausgegeben. Für diese zahlen Touristen jeweils 1 500 US-Dollar, um eine Stunde mit den Tieren zu verbringen.[9] Damit sind lebende Berggorillas viel mehr wert als ihr Fleisch. Und weil ein Teil des Geldes über Jobs und Handel auch wirklich der lokalen Bevölkerung zugutekommt, ist Wilderei auf Gorillas nicht mehr interessant. Bedroht sind die Berggorillas nun aber durch die nicht auszuschließende Übertragung von Krankheiten durch Menschen, die sie besuchen. Zwischen beiden sollte immer eine Distanz von mindestens sieben Metern eingehalten werden. Auch hier gilt also: Social distancing rettet Leben.

Nicht nur Einzelpersonen, auch das eine oder andere Unternehmen hat aus verschiedenen Gründen das Bedürfnis, sich für Natur und Biodiversität zu engagieren. Neben einzelnen Großspenden umfasst das auch längerfristige Kooperationen mit Naturschutzorganisationen zu bestimmten Projekten. Entscheidend für eine langfristig erfolgreiche Kooperation ist aber, dass sich die richtigen Partner finden. Unternehmen möchten in der Regel mit ihrem Engagement und der guten Reputation einer Naturschutzorganisation in irgendeiner Form werben. Diese Reputation ist für Naturschutzorganisationen ihr höchstes Gut. Wenn der Geldgeber zwar Geld für den Naturschutz bereitstellt, in seinem Kerngeschäft aber einen ungleich größeren Schaden in der Natur anrichtet, ist das typisches »Greenwashing«. An die Naturschutzorganisation gewandt, heißt es dann: »Ihr lasst euch kaufen und betreibt Ablasshandel.« Von solchen Kooperationen ist daher dringend abzuraten.

Unternehmen, die es ernst meinen, sollten überlegen, wo sie durch Maßnahmen entlang ihrer Lieferkette, ihres Rohstoffeinsatzes, der Vermarktung etc. aktiv und positiv auf Biodiversität einwirken können, anstatt »lediglich« im Nachhinein Geld zu spenden. Oft lassen sich auch Firmengelände (Dächer, Parkplätze, Außenanlagen) schon mit einfachen Maßnahmen biodiversitätsfreundlich gestalten. So lässt sich direkt und vor Ort ein Beitrag zur Artenvielfalt leisten. Danach sind natürlich auch finanzielle Hilfen für Naturschutz mehr als willkommen.

Ganz unabhängig davon, wie viel Geld den Naturschutzorganisationen zur Verfügung steht, sind ihre Erfolge wesentlich auf den hohen persönlichen, nicht immer ungefährlichen Einsatz ihrer haupt- und ehrenamtlichen Mitarbeiter zurückzuführen. NGOs sind oft diejenigen Partner, welche die weiter oben beschriebenen Finanzierungsinstrumente in den Ländern anstoßen, Finanziers auftun, Lobbyarbeit betreiben oder Partner vor Ort suchen, vernetzen oder fachlich beraten.

Dies sind große Aufgaben, denn in vielen Entwicklungsländern fehlen wichtige Strukturen, die den effektiven Schutz von Flora und Fauna erst ermöglichen. Schwache lokale Institutionen wie Behörden, die weder über geschultes Personal noch über die notwendigen Finanz- und Sachmittel verfügen, sowie Korruption und fehlende Strafverfolgung erschweren oft die reale Umsetzung von Biodiversität und Ökosystemleistungen schützenden Maßnahmen. International arbeitende NGOs müssen sich hier Herausforderungen stellen, die andernorts ein funktionierendes Staatswesen bewältigt. In vielen Ländern Zentral- und Westafrikas fehlen lokale Naturschutzorganisationen und eine sensibilisierte Mittelschicht, die (wie es in Industrienationen geschieht) NGOs gründet und Naturschutzarbeit fördert. Daraus leiten sich für NGOs Aufgaben jenseits der eigentlichen Naturschutzarbeit ab, die für Spender vielleicht wenig

Jugend auf der Straße – auch das bringt Bewegung im Naturschutz.

interessant klingen, aber nicht minder wichtig sind und auch finanziert werden müssen.

Manchmal braucht es Aufmerksamkeit durch spektakuläre Aktionen, manchmal stille, kontinuierliche Netzwerkarbeit; was es immer braucht, sind Menschen, die mit Durchhaltevermögen und Engagement für ihr Ziel kämpfen. Hier ist in der Vergangenheit oft Großartiges geleistet worden! Wer weiß, ob das Insektensterben bereits ins kollektive Bewusstsein gerückt wäre, wenn nicht unermüdliche Naturliebhaber gezählt und gemahnt hätten. Wer weiß, wie viele Wale heute noch ihr Leben würden lassen müssen, wenn Greenpeace nicht mit öffentlichkeitswirksamen Aktionen auf die Brutalität des Walfangs aufmerksam gemacht hätte. Wer weiß, ob es die eindrucksvollen Wanderungen von Gnus und Zebras in der Serengeti noch gäbe, wenn sich nicht die Zoologische Gesellschaft Frankfurt seit Jahrzehnten für den Schutz dieses Ökosystems und seiner Tierwelt starkmachte.

Epilog

Jetzt gilt's

Prypjat ist eine kreisfreie Stadt in der Ukraine. Sie wurde im Jahr 1970 gegründet und hatte zu Hochzeiten 49 360 Einwohner. Am 27. April 1986 wurde Prypjat mit 1 200 Bussen in nur zweieinhalb Stunden komplett evakuiert. Seitdem gelten Prypjat und seine Umgebung als das größte »Rewilding«-Projekt Europas. Nach und nach haben Flora und Fauna die Stadtstrukturen erobert. Sogar Wölfe, Luchse, Bären, Wisente und Elche sind eingewandert. Von den 334 Vogelarten der Ukraine kommen 231 hier vor, darunter sehr seltene Arten. Menschen leben hier keine mehr. Die Jagd ist verboten, genauso wie die Nutzung von Holz und das Sammeln von Pilzen. Ist das ein Naturschutzerfolg, aus dem wir für die Zukunft und den Erhalt von Biodiversität lernen können?

Nein, denn Prypjat liegt nur vier Kilometer vom Katastrophenreaktor Tschernobyl entfernt in der etwa 4 300 Quadratkilometer großen Sperrzone rund um das ehemalige Atomkraftwerk. Deshalb lebt dort niemand mehr, und es wird auch in absehbarer Zukunft niemand mehr dort leben. Deshalb unterbleibt jegliche Nutzung natürlicher Ressourcen. Tiere und Pflanzen wissen von all dem nichts. Auch sie sind von Radioaktivität betroffen, manche weisen Mutationen und Gendefekte auf, alle sind hochgradig radioaktiv belastet. Trotzdem geht es den meisten Tierbeständen hier besser als anderswo, einfach deshalb, weil es keine Menschen mehr gibt, die ihnen nachstellen, sie stören oder ihren Lebensraum vernichten. Die radioaktive Belastung der Organismen mit den negativen Effekten auf Gesundheit und Lebenserwartung sind tatsächlich das kleinere Übel, weil Tiere zum Beispiel nicht alt genug werden, um die Entwicklung einer Krebserkrankung zu erleben.

Der Mensch zerstört sich selbst, die Natur kann sich wieder erholen, und Biodiversität nimmt zu – so kann eine wünschenswerte Zukunft natürlich auch nicht aussehen. Schöner wäre es, Menschen würden vernünftig handeln und in ihrem eigenen Interesse Biodiversität und Ökosystemleistungen schützen. Dann würde die Welt 2100 vielleicht so aussehen:

> Der Weltbiodiversitätsrat ist zu einem der höchsten Entscheidungsgremien der UN geworden. Seit in der Bilanzierung des Bruttosozialproduktes aller Länder die Internalisierung von Umweltschäden eingeführt wurde, sind bestimmte Produkte vom Markt verschwunden. Rohöl wird ausschließlich für die Herstellung sehr hochwertiger Kunststoffe in der Medizin verwendet. Hauptsächlich werden auch diese Materialien aber in Kreisläufen geführt. Die Energiewende konnte bis zur Jahrtausendmitte vollzogen werden, Emissionen aus der Verbrennung von fossilen Brennstoffen sind auf ein Minimum gesunken, das 2015 in Paris vereinbarte Ziel

von maximal 1,5 Grad Erderwärmung konnte eingehalten werden.

20 Prozent der Erdoberfläche und 15 Prozent der Weltmeere stehen unter effektivem Schutz. Dabei wurden nicht nur alle Biodiversitätshotspots in das weltweite Schutzgebietsnetzwerk integriert, sondern vor allem erreicht, dass durch die Vernetzung von Schutzgebieten ein weltumspannendes Netzwerk geschaffen wurde, über das ein genetischer Austausch von Arten möglich ist. Auch außerhalb von Schutzgebieten werden Tier- und Pflanzenarten geschützt oder nachhaltig genutzt. Intakte Ökosysteme schützen mittlerweile wieder Millionen von Menschen vor Fluten, Erdrutschen und Dürren.

Städte haben die strikten Grenzen zwischen Grün und Grau aufgehoben. Natur und Landwirtschaft haben Einzug in die urbanen Zentren gefunden – in Parks, auf Dächern und an Fassaden. Die Biozertifizierungen für Lebensmittel gibt es nicht mehr, seit industrielle Landwirtschaft der Vergangenheit angehört und ein nicht einmal 100 Jahre (!) altes »Experiment« als Fehler erkannt und beendet wurde. Lebensmittel werden weltweit weniger transportiert und vermehrt vor Ort produziert.

Maßgeblich hat zu diesen Entwicklungen beigetragen, dass Länder, auf deren Staatsgebiet wertvolle Ökosysteme liegen, für deren Erhalt bezahlt werden. Dieses Geld, basierend auf dem ermittelten Wert der gelieferten Ökosystemleistungen, geht teilweise direkt an die Anrainer und Bewohner dieser Gebiete. Dieses neue Finanzierungssystem hat Staaten wie Indonesien, Brasilien, die Demokratische Republik Kongo oder Gabun zu wohlhabenden Ländern gemacht. Und nicht zuletzt weil Schutz und die nachhaltige Bewirtschaftung von Ökosystemen einheimischer Bevölkerung neue Lebens- und Einkommensgrundlage bieten, hat die Landflucht in Schwellen- und Entwicklungsländern abgenommen, ebenso wie die Zahl von Flüchtlingen weltweit.

Utopie und naive Träume? Wenn wir die Prypjat-Welt nicht wollen, sind die angemessene Wertschätzung sowie Inwertsetzung von Ökosystemleistungen in unserer Gesellschaft der einzige nachhaltige Weg – sozial, ökonomisch und ökologisch. Und wenn wir erst mal anfangen umzudenken, werden wir erstaunt sein, wie schnell wir in einer Welt leben, die der oben beschriebenen gar nicht so fern ist und in der sich auch die Mücke nicht mehr fragen muss: »Was hat der Mensch je für mich getan?«

Anmerkungen

KAPITEL 1

1. Kunin, W. E. / Gaston, Kevin (Hrsg.) (1996): The Biology of Rarity. Causes and consequences of rare-common differences, Springer.
2. De Vos, Jurriaan M. et al. (2014): Estimating the normal background rate of species extinction [https://conbio.onlinelibrary.wiley.com/doi/epdf/10.1111/cobi.12380].
3. Davis, Matt / Faurby, Søren / Svenning, Jens-Christian (2018): Mammal diversity will take millions of years to recover from the current biodiversity crisis [https://www.pnas.org/content/115/44/11262].
4. IPBES: Nature's Dangerous Decline ›Unprecedented‹; Species Extinction Rates ›Accelerating‹ [https://www.ipbes.net/news/Media-Release-Global-Assessment].
5. Brander, Luke / Schuy, Kirsten (2010): The economic value of the world's wetlands [http://doc.teebweb.org/wp-content/uploads/2013/01/The-economic-value-of-the-worlds-wetlands.pdf].
6. Besser, Tim (2010): Valuation of pollination spurs support for bee keepers [http://img.teebweb.org/wp-content/uploads/2013/01/Valuation-of-pollination-spurs-support-for-bee-keepers-Switzerland.pdf].
7. Costanza et al. (2014): Changes in the global value of ecosystem services, in: Global Environmental Change, 26, S. 152–158.

KAPITEL 2

1. Bass, Margot S. et al. (2010): Global Conservation Significance of Ecuador's Yasuní National Park.
2. WWF: Ecuador [https://www.wwf.org.ec/english_version/].
3. Costello, Mark J. / May, Robert M. / Stork, Nigel E. (2013): Can We Name Earth's Species Before They Go Extinct? [https://science.sciencemag.org/content/339/6118/413].
4. Locey, Kenneth J. / Lennon, Jay T. (2016): Scaling laws predict global microbial diversity [https://www.pnas.org/content/113/21/5970].
5. IUCN: The IUCN Red List of Threatened Species [https://www.iucnredlist.org/].
6. FAO (2020): The State

of World Fisheries and Aquaculture 2020 [http://www.fao.org/state-of-fisheries-aquaculture].
7. Phillips, Don (2019): Amazon rainforest ›close to irreversible tipping point‹ [https://www.theguardian.com/environment/2019/oct/23/amazon-rainforest-close-to-irreversible-tipping-point].

KAPITEL 3

1. Heinrich Böll Stiftung (2018): Fleischatlas 2018, S. 44, Heinrich Böll Stiftung, BUND, Le Monde diplomatique
2. Foley, Jonathan (2020): Feed the World [https://www.nationalgeographic.com/foodfeatures/feeding-9-billion/].
3. Greenpeace (2020): Beifang [https://www.greenpeace.de/themen/meere/beifang].
4. OCEANA (2020): Oceana Study Reveals Seafood Fraud Nationwide [https://oceana.org/sites/default/files/National_Seafood_Fraud_Testing_Results_Highlights_FINAL.pdf].

KAPITEL 4

1. UN Water (2019): Weltwasserbericht der Vereinten Nationen 2019 [https://www.unesco.de/sites/default/files/2019-03/-WWDR-2019-Zusammenfassung_0.pdf].
2. WHO (2019): Fact sheets – Drinking Water [https://www.who.int/news-room/fact-sheets/detail/drinking-water].
3. Muñoz-Camargo, Carolina et al. (2016): Frog skin cultures secrete anti-yellow fever compounds, in: The Journal of Antibiotics, 69/2016 [https://doi.org/10.1038/ja.2016.16].
4. Shurkin, Joel (2014): News Feature: Animals that self-medicate [https://www.pnas.org/content/pnas/111/49/17339.full.pdf].
5. Ekor, Martins (2013): The growing use of herbal medicines: issues relating to adverse reactions and challenges in monitoring safety, in: Front Pharmacol, 4/2013 [https://www.ncbi.nlm.nih.gov/pmc/articles/PMC3887317/].
6. Hotez, Peter/Herricks, Jeniffer (2015): One Million Deaths by Parasites [https://blogs.plos.org/speakingofmedicine/2015/01/16/one-million-deaths-parasites/].
7. »Thus, it is highly likely that future SARS- or MERS-like coronavirus outbreaks will originate from bats, and there is an increased probability that this will occur in China.« Yi Fan et al. (2019): Bat Coronaviruses in China [https://www.ncbi.nlm.nih.gov/pmc/articles/PMC6466186/pdf/viruses-11-00210.pdf].

8. Fuller, Richard A. et al. (2007): Psychological benefits of greenspace increase with biodiversity, in: Biology Letters 2007/3 [https://www.fullerlab.org/exposure-to-biodiversity-increases-psychological-well-being/].

KAPITEL 5

1. Hansjürgens, Bernd et al. (2018): Naturkapital Deutschland – TEEB DE: Werte der Natur aufzeigen und in Entscheidungen integrieren – eine Synthese, S. 39. Helmholtz-Zentrum für Umweltforschung – UFZ, Leipzig.
2. IDMC (2018): Global Report on Internal Displacement [http://www.internal-displacement.org/global-report/grid2018/downloads/report/2018-GRID-region-europe-central-asia.pdf].

KAPITEL 6

1. Dohm, Susanne. (2019) Der Boden. Christoph Links Verlag, Berlin.
2. UNEP (2014): Sand, rarer than one thinks. Global Environmental Alert Service (GEAS), March 2014 [https://na.unep.net/geas/archive/pdfs/GEAS_Mar2014_Sand_Mining.pdf].
3. Niemann, Hildegrd; Maschke, Christian (2004): Noise effects and morbidity – WHO LARES Final report [https://www.euro.who.int/__data/assets/pdf_file/0015/105144/WHO_Lares.pdf].
4. Bairlein, Franz (2015): Lichtverschmutzung – Das Ende der Nacht; LBV-Magazin 02/2015, S. 34 f. [https://www.lbv.de/ratgeber/naturwissen/lichtverschmutzung/].
5. Klaus, Gregor/Kägi, Bruno/Kobler, René L./ Maus, Katja/Righetti, Antonio (2005): Empfehlungen zur Vermeidung von Lichtemissionen. Bundesamt für Umwelt, Wald und Landschaft, Bern
6. BMU (2018): Hintergrundpapier zum Abschlussbericht der Studie »Naturkapital Deutschland – TEEB DE« [https://www.bmu.de/fileadmin/Daten_BMU/Download_PDF/Naturschutz/teeb_hintergrund_bf.pdf].
7. Vaz Monteiro, Madalena et al. (2019).: The role of urban trees and greenspaces in reducing urban air temperatures. Forestry Commission Research Note [https://www.forestresearch.gov.uk/documents/7125/FCRN037.pdf].
8. Vaz Monteiro, Madalena et al. (2016): The impact of greenspace size on the extent of local nocturnal air temperature cooling in London, in: Urban Forestry & Urban Greening, 16

[http://dx.doi.org/10.1016/j.ufug.2016.02.008].

9. Ellison, David et al. (2017): Trees, forests and water: Cool insights for a hot world. Global Environmental Change [https://doi.org/10.1016/j.gloenvcha.2017.01.002].
10. South, Eugenia, C. et al. (2018): Effect of Greening Vacant Land on Mental Health of Community-Dwelling Adults. JAMA Network open [https://jamanetwork.com/journals/jamanetworkopen/fullarticle/2688343].

KAPITEL 7

1. Downs, C. A., et al. (2016): Toxicopathological Effects of the Sunscreen UV Filter, Oxybenzone (Benzophenone-3), on Coral Planulae and Cultured Primary Cells and Its Environmental Contamination in Hawaii and the U. S. Virgin Islands. in: Arch Environ Contam Toxicol 70 [https://doi.org/10.1007/s00244-015-0227-7].
2. https://www.cntraveller.com/gallery/most-beautiful-places-in-the-world.

KAPITEL 8

1. O. V. (2012): Belgier machen Biosprit aus totem Pottwal, in: Focus, 10.12.2012 [https://www.focus.de/panorama/welt/fett-soll-50000-kilowattstunden-strom-liefern-belgier-machen-biosprit-aus-totem-pottwal-_aid_712841.html].
2. Hawronsky, Jane-Marie/Holah, John (1997): ATP: A universal hygiene monitor. Trends in Food Science & Technology 8(3) [https://www.sciencedirect.com/science/article/abs/pii/S0924224497010091?via%3Dihub].
3. Boell-Stiftung (2015): Bodenatlas 2015 [https://www.boell.de/sites/default/files/bodenatlas2015_iv.pdf?dimension1=ds_bodenatlas].
4. BUND Regionalverein Südlicher Oberrhein (2019): Windenergie, Windräder, Windkraft, Vögel, Fledermäuse & Vogelschlag: Glasscheiben, Freileitungen, Straßenverkehr, Katzen, Eisenbahn & Insektensterben [http://www.bund-rvso.de/windenergie-windraeder-voegel-fledermaeuse.html].
5. NABU (2017): Bis zu 2,8 Millionen Vögel sterben pro Jahr an Stromleitungen [https://www.nabu.de/news/2017/03/22059.html].
6. BUND Regionalverein Südlicher Oberrhein (2020): Vogelsterben Deutschland & Meisensterben! Ursachen: Insektensterben, Agrargifte, Neonicotinoide, Glyphosat, Naturzerstörung, Katzen, Usutu-Virus & Verkehr oder

Windräder & Rabenvögel? [http://www.bund-rvso.de/vogelsterben-ursachen.html].

7. Winemiller, K. O., et al. (2016): Balancing hydropower and biodiversity in the Amazon, Congo, and Mekong. *Science* 351(6269) [https://science.sciencemag.org/content/sci/351/6269/128.full.pdf].

KAPITEL 9

1. Yoksoulian, Lois (2019): Artificial photosynthesis transforms carbon dioxide into liquefiable fuels [https://news.illinois.edu/view/6367/789800#image-2].
2. FIner, Matt (2018): Combating deforestation: From satellite to intervention. Science 22 Jun 2018, 360 (6395)[https://science.sciencemag.org/content/sci/360/6395/1303.full.pdf].

KAPITEL 10

1. Werner Theobald: Abstraktion ist der Tod der Ethik. Albert Schweitzers Ethik der Ehrfurcht vor dem Leben; in: der blaue reiter Ausgabe 37, S. 44 [https://www.ethik.uni-kiel.de/de/publikationen/dbr37-Thema-Theobald.pdf; 29.06.2020].
2. BMU, BfN (2016): Naturbewusstseinsstudie 2015, S. 14.
3. Klaus Töpfer (2005): Umweltzerstörung und Armut als Wachstumsbremsen Jahreskonferenz des Rates, in: Rat für nachhaltige Entwicklung: Für eine Neubewertung von Umwelt und Wachstum. Nachhaltigkeit in der internationalen Zusammenarbeit.
4. Naturkapital Deutschland – TEEB DE (2012): Der Wert der Natur für Wirtschaft und Gesellschaft. Eine Einführung. München, ifuplan; Leipzig, Helmholtz-Zentrum für Umweltforschung – UFZ; Bonn, Bundesamt für Naturschutz.
5. Eser, Uta (Hrsg.) (2020): Biodiversität und Ethik, in: Earth System Knowledge Platform, ESKP-Themenspezial Biodiversität im Meer und an Land. Vom Wert biologischer Vielfalt.

KAPITEL 11

1. Poorter, Lourens, et al. (2015): Diversity enhances carbon storage in tropical forests, in: Global Ecology and Biogeography, 24(11).
2. Mahowald, N. M. (2017) Are the impacts of land use on warming under-estimated in climate policy. Environ. Res. Lett. 12(9).
3. Coad, L., et al. (2019) Widespread shortfalls in protected area resourcing undermine efforts to conserve bio-diversity. Front Ecol Environ 2019; 17(5): 259–264.

4. Visconti, P., et al. (2019) Science 436: 6437: 239–241.
5. Schutzgemeinschaft Deutscher Wald: Waldanteil in Deutschland [https://www.sdw.de/waldwissen/wald-in-deutschland/waldanteil].
6. BMU: Nationale Waldschutzpolitik [www.bmu.de/themen/natur-biologische-vielfalt-arten/naturschutz-biologische-vielfalt/waelder/nationale-waldschutzpolitik].
7. UBA (2010): Die Wasserrahmenrichtlinie [https://www.umweltbundesamt.de/publikationen/wasserrahmenrichtlinie-auf-weg-zu-guten-gewaessern].
8. LPV Freising (2011): Vorgehensweise und Probleme bei der Renaturierung Gewässer 3. Ordnung im Landkreis Freising [http://docplayer.org/30483723-Vorgehensweise-und-probleme-bei-der-renaturierung-gewaesser-3-ordnung-im-landkreis-freising.html].
9. Freibauer, A., et al. (2009): Natur und Landschaft 84(1).
10. US Fish & Wildlife Service: California Condor Recovery Program [www.fws.gov/cno/es/CalCondor/Condor.cfm].

KAPITEL 12

1. BMU (2018): Biologische Vielfalt in Deutschland. Rechenschaftsbericht 2017 [https://www.bmu.de/fileadmin/Daten_BMU/Pools/Broschueren/biologische_vielfalt_bf.pdf].
2. Latin American Water Funds Partnership (2020): Fondo para la Protección del Agua (FONAG) Quito, Ecuador [https://www.fondosdeagua.org/content/dam/tnc/nature/en/documents/latin-america/wfquito.pdf; 29.06.2020].
3. University of North Carolina at Chapel Hill (2007): Drug Derived From Gila Monster Saliva Helps Diabetics Control Glucose, Lose Weight, in: ScienceDaily, 12.07.07 [https://www.sciencedaily.com/releases/2007/07/070709175815.htm].
4. Takacs, Z. / Nathan, S. (2014): Animal Venoms in Medicine, in: Encyclopedia of Toxicology, 2014(1) [http://zoltantakacs.com/zt/ma/dl/Takacs_Zoltan_2014_Animal_venoms_medicine.pdf].
5. Robinson, Daniel (2012): Towards Access and Benefit-Sharing Best Practice Pacific Case Studies [http://www.abs-initiative.info/uploads/media/ABS_Best_Practice_Pacific_Case_Studies_Final_01.pdf].
6. GFK (2020): Bilanz des Helfens 2020 [https://www.spendenrat.de/wp-content/uploads/2020/03/Bilanz_des_Helfens_2020.pdf].
7. NABU: Stunde der

Gartenvögel [https://www.nabu.de/tiere-und-pflanzen/aktionen-und-projekte/stunde-der-gartenvoegel/index.html].

8. Max-Planck-Gesellschaft (2018): Number of wild mountain gorillas exceeds 1000 [https://www.mpg.de/12057180/number-of-wild-mountain-gorillas-exceeds-1-0001].
9. Gorilla Trek Africa [https://www.rwandagorilla.com/gorilla-permits.html].

Bildnachweis

Adobe Stock: 18 (whitcomberd), 26 (peter), 70 (hanneliese), 73 o. (pavlobaliukh), 73 u. (Bruno), 92 (Marcel), 99 (agarianna), 101 (fotowunsch), 107 (tostphoto), 114 (Vladimir Melnikov), 121 u. (Mickis Fotowelt), 124 (Alex Traveler), 125 (dam), 128 (Guy), 134 (Taku), 157 (Thierry RYO), 158 (delbars), 170 (ondrejprosicky), 172 (Karin Jähne), 173 (dwi), 174 (Ezume Images), 177 (engel.ac), 178 (Pixelmania), 179 (ruiruito), 190 (joerghoffmann), 195 li. (Pixelmania), 195 re. (fotoliaxrender), 201 (redkphotohobby), 206 (alekosa), 211 (beau), 216 (Kevin), 220 (refresh(PIX)), 226 (mirkomedia), 241 (efesenko), 251 (Uryadnikov Sergey), 256 (Cristian), 272 (tramster); **Cleanup-Wiesbaden:** 264; **iStockphoto:** 238 (Rainer von Brandis); **Oekom:** 21, 42, 48 (Oekom), 43 (nach Wiebke Elbe, WWF, nach: Living Planet Report 2018), 63 (nach Steffen et al.: The trajectory of the Anthropocene), 80 (nach Bodenatlas 2015),

183 (nach: www.iea.org/reports/globalenergy-co2-status-report-2019), 213 (nach BfN 2012 nach Grossmann u. a. 2010); **Picture Alliance:** 141 (dpa | Divyakant Solanki); **Pixabey:** 247 (Georg_Wietschorke), 265 (jLasWilson); **Shutterstock.com:** 22 (Ekaterina Glazkova), 24 (YuriyKot), 33 o. (raymond tercafs), 33 u. (bluehand), 37 (Vaganundo_Che), 44 (Arzu Kerimli), 46 (photographer_from_1980), 56 (rafaelnlins), 64 (H,ugh Lansdown), 75 (editorial_Yandong Yang), 82 (Anna Phillips), 83 (Huaykwang), 84 (editorial_Pierre-Yves Babelon), 94 (editorial_MAGNIFIER), 96 (Ilya_Kuznetsov), 108 (Eugene Troskie), 112 (Zoia Kostina), 123 (Ruslan Gubaidullin), 133 (editorial_glenda), 144 (editorial_Simlinger), 151 (editorial_JJFarq), 153 (Francois Roux), 154 (Camilo Torres), 155 (ThomBal), 165 (chuckstock), 169 (MOIZ HUSEIN STORYTELLER), 184 (Breck P. Kent), 189 (Tupungato), 202 (Pav-Pro Photography Ltd), 259 (Kris Wiktor), 267 (GUDKOV ANDREY), 270 (editorial_ Paapaya); **Wikimedia Commons:** 27 (Andrew Butko, ru.wikipedia.org: Andrew Butko (https://commons.wikimedia.org/wiki/File:Северная_церация.jpg), »Северная церация«, https://creativecommons.org/licenses/by-sa/3.0/legalcode), 66 (André Karwath aka Aka (https://commons.wikimedia.org/wiki/File:Sympetrum_flaveolum_-_side_(aka).jpg), »Sympetrum flaveolum – side (aka)«, https://creativecommons.org/licenses/by-sa/2.5/legalcode), 121 o. (Stahlkocher (https://

commons.wikimedia.org/wiki/File:Emscher_in_Recklinghausen.jpg), »Emscher in Recklinghausen«, https://creativecommons.org/licenses/by-sa/3.0/legalcode), 192 (Praetorius (https://commons.wikimedia.org/wiki/File:Steinhuder_hecht.jpg), »Steinhuder hecht«, als gemeinfrei gekennzeichnet, Details auf Wikimedia Commons: https://commons.wikimedia.org/wiki/Template:PD-old), 235 (Clewe2807 (https://commons.wikimedia.org/wiki/File:Sonnenaufgang_im_Hohen_Venn.jpg), https://creativecommons.org/licenses/by-sa/4.0/legalcode).